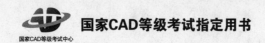
国家CAD等级考试指定用书

U0107843

CAXA电子图板2007
应用与实例教程

王 丰 主编

杨 超 胡影峰 参编

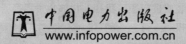
中国电力出版社
www.infopower.com.cn

内容提要

通过本书的学习，读者可以快速有效地掌握 CAXA 电子图板的绘图技巧和方法。

本书主要介绍了 CAXA 电子图板的基本功能的操作方法、操作技巧和应用实例。主要内容包括 CAXA EB 软件介绍、基本曲线绘制、高级曲线绘制、块操作、系统设置、曲线的编辑、图形的编辑、图纸幅面设置、工程标注、图库操作、图层操作、系统查询、数据接口等。

本书附光盘 1 张，内容包括书中所举实例图形的源文件及多媒体助学课件。

本书是国家 CAD 等级考试指定用书，教学重点明确、结构合理、语言简明、实例丰富，具有很强的实用性，适用于 CAXA 电子图板的初级用户。除作为培训教材外，既可以用于自学，也可以作为工程技术人员的技术参考用书。

图书在版编目（CIP）数据

CAXA 电子图板 2007 应用与实例教程 / 王丰主编；杨超，胡影峰参编. —北京：中国电力出版社，2008

国家 CAD 等级考试指定用书

ISBN 978-7-5083-6654-8

Ⅰ. C⋯ Ⅱ. ①王⋯ ②杨⋯ ③胡⋯ Ⅲ. 自动绘图—软件包，CAXA 2007—教材 Ⅳ. TP391.72

中国版本图书馆 CIP 数据核字（2008）第 035082 号

丛 书 名：国家 CAD 等级考试指定用书
书　　 名：CAXA 电子图板 2007 应用与实例教程
出版发行：中国电力出版社
　　　　　地　　 址：北京市三里河路 6 号　　　　　邮政编码：100044
　　　　　电　　 话：（010）68362602　　　　　传　　 真：（010）68316497，88383619
　　　　　服务电话：（010）58383411　　　　　传　　 真：（010）58383267
　　　　　E-mail：infopower@cepp.com.cn
印　　 刷：北京市同江印刷厂
开本尺寸：185mm×260mm　　　　 印　　 张：17.75　　　 字　　 数：396 千字
书　　 号：ISBN 978-7-5083-6654-8
版　　 次：2008 年 6 月北京第 1 版
印　　 次：2008 年 6 月第 1 次印刷
印　　 数：0001—5000 册
定　　 价：33.00 元（含 1CD）

丛 书 序

在当今世界上，高度发达的制造业和先进的制造技术已经成为衡量一个国家综合经济实力和科技水平的最重要标志之一，成为一个国家在竞争激烈的国际市场上获胜的关键因素。目前，中国制造业已跻身世界第四位，但要从制造大国走向制造强国，必须优先发展先进制造业。这就要求，必须大力发展提高先进制造业的技术水平，提升计算机辅助设计与制造（CAD/CAM）的技术水平。

CAD 技术是数字化设计、制造、建筑与管理的基础，是现代产品创新的基本工具，为增强产品创新开发能力起到了巨大的推动作用。在我国制造业信息化进程中，也将 CAD 技术作为重点支持开发和重点推广应用的共性关键技术之一。

制造业要发展，人才是关键。因此推动我国数字化设计的应用和技术的发展，培养和造就大批掌握现代 CAD 软件技术的应用型和开发型紧缺人才，满足我国制造业、建筑业的数字化设计的人才需求已经成为我国制造业发展的当务之急。只有如此才能培育我国 CAD 软件技术应用的市场环境，推动 CAD 软件产业的发展。

为顺应中国制造业的深层次发展和现代设计方法——辅助设计技术的广泛应用，国家 CAD 等级考试中心组织全国知名专家，经过与现代制造企业技术人员的反复研讨，编写了适合当前技术改革、紧跟技术发展的本系列丛书。

本系列丛书是国家 CAD 等级考试的指定用书。各级别丛书均以"国家 CAD 等级考试"的知识体系和实际技能要求为主旨，内容简明扼要，突出重点。编写方法上注重发挥实例教学的优势，引入众多生产应用实例和操作实训内容，便于读者对全书内容融会贯通，加深理解。其特色主要有如下几点：

1. 本系列丛书的案例、图例尽量使用当前常用的新图，尽量贴近工程。

2. 本系列丛书的组织全部采用"案例驱动"的教学方法，并且设计了掌握软件之后与工程实践相结合的实践教程（各分册图书均配有视频教学光盘）。

3. 课程的整体设计上，特别强调与工程实践相结合，使学生们在学习了一定的知识、掌握了相关的技能后，能够直接应用于实际工程中。

4. 本系列丛书最后将出版案例图册。各书的重点实例全部编入其中，形成教学与练习的整体配合。案例图册既可以作为全套教材的总结，又可以作为工程实例中的模板。既可以作为学生们在学习之后的总结，通过图册加以回顾；又可以在工作中，通过对已学实例加以修改完成工程项目要求。

本系列丛书是国家 CAD 等级考试的指定用书，可以作为各地方"国家 CAD 等级考试认证培训基地"的辅助设计课程的教学、培训和备考用书。亦适合作为高校辅助设计课程的教材，也可作为从事辅助设计技术的广大工程技术人员的参考书。

我们衷心希望，关心我国辅助设计应用能力教育的广大读者能够对教材的不当之处给予批评指正，来信请发至 cadbook@gmail.com 或登录 www.cadtest.org 进行咨询。

国家 CAD 等级考试中心　教材编写委员会

前　　言

　　本书是国家 CAD 等级考试指定教材之一，由国家 CAD 等级考试中心组织业界权威专家编写。编写组专家不仅具有长期的从事机械设计、CAD 软件应用与培训的教学经验，并且具有丰富的工业产品设计的实践经验。本书内容由浅入深、循序渐进地介绍了 CAXA 电子图板软件的具体应用，并结合工程实践中的典型应用实例，详细讲解创建零件图、工程图的思路、设计流程及详细的操作过程。

　　CAXA 电子图板是我国自主版权的 CAD 软件系统，它是为满足国内企业界对计算机辅助设计不断增长的需求，由 CAXA 郑重推出的。CAXA 电子图板是功能齐全的通用 CAD 系统，它以交互图形方式，对几何模型进行实时地构造、编辑和修改，并能够存储各类拓扑信息。CAXA 电子图板提供形象化的设计手段，帮助设计人员发挥创造性，提高工作效率，缩短新产品的设计周期，把设计人员从繁重的设计绘图工作中解脱出来，并有助于促进产品设计的标准化、系列化、通用化，使得整个设计规范化。

　　CAXA 电子图板已经在机械、电子、航空、航天、汽车、船舶、轻工、纺织、建筑及工程建设等领域得到广泛的应用。随着 CAXA 电子图板的不断完善，它将是设计工作中不可缺少的工具。

　　本书具体内容如下：

　　第 1 章讲解 CAXA 电子图板软件基础，内容涉及 AutoCAD 2008 的主要功能及特点、安装与启动、基本操作和基本文件操作等。

　　第 2 章讲解基本曲线的绘制，内容涉及绘制直线、平行线、圆、圆弧等。

　　第 3 章讲解高级曲线的绘制，内容涉及绘制轮廓线、波浪线、双折线、公式线、箭头、孔/轴、齿轮轮廓以及具体的应用实例。

　　第 4 章讲解块操作，内容涉及块生成、块打散、块消隐、块属性、块属性表以及具体的应用实例。

　　第 5 章讲解系统设置，内容涉及图层控制、线型设置、颜色设置、捕捉点设置、用户坐标系、文本风格、标注风格、剖面图案、视图导航、系统配置等。

　　第 6 章讲解曲线的编辑，内容涉及曲线的裁剪、曲线的过渡、曲线的齐边、曲线的打断、曲线的拉伸、曲线的平移、曲线的旋转、曲线的镜像、曲线的阵列、局部放大等。

　　第 7 章讲解图形的编辑，内容涉及取消和重复操作、图形的剪切、图形的复制、粘贴、选择性粘贴、对象的链接与嵌入、清除和清除所有以及具体的操作实例。

　　第 8 章讲解图纸幅面，内容涉及幅面设置、图框设置、标题栏、零件序号、明细表。

　　第 9 章讲解工程标注，内容涉及尺寸标注的分类和标注风格、基本尺寸标注、坐标标注、倒角标注、"0"标注、尺寸公差标注、文字标注、工程符号类标注、标注的修改、尺寸驱动等。

第 10 章讲解图库操作，内容涉及提取图符、定义图符、驱动图符、图库管理、构件库、技术要求库。

第 11 章讲解图层，内容涉及层的概念、图层的操作、图层属性、对实体的层控制、图层的线型和颜色等。

第 12 章讲解系统查询，内容涉及查询点的坐标、查询距离、查询角度、查询元素属性、查询周长和面积、查询重心、查询惯性矩、查询系统状态等。

第 13 章讲解数据接口，内容涉及 AutoCAD 图形的转换、DWG/DXF 文件保存、DWG/DXF 接口设置、图形文件问题等。

本书另附光盘 1 张，内容包括实例与练习题图形的源文件以及多媒体助学课件。

本书由广东江南五邑大学王丰任主编，华东交通大学的杨超、胡影峰参与编写，第 1 章至第 7 章由王丰编写，第 8 章、第 9 章由胡影峰编写，第 10 章至第 13 章由杨超编写。此外，参与本书编写的还有孙蕾、魏晓波、刘路、佟亚男、雷源艳等人。

由于作者水平有限，编写时间仓促，书中难免存在失误和不当之处，恳请广大读者批评指正。

编著者
2008 年 6 月

目 录

第 1 章
CAXA 电子图板入门

本章要点

➢ CAXA 电子图板的特点

➢ CAXA 电子图板的安装、启动和退出

➢ CAXA 电子图板的工作界面

➢ CAXA 电子图板的基本操作

➢ CAXA 电子图板的基本文件操作

➢ CAXA 电子图板的视图控制

本章导读

➢ 基础内容：了解 CAXA 电子图板的工作界面，达到初步操作软件的水平。

➢ 重点掌握：重点掌握 CAXA 电子图板的界面组成，以及各个部分的功能和操作方法。

➢ 一般了解：了解 CAXA 电子图板的特点。

1.1 CAXA 电子图板及相关软件简介

CAXA 电子图板是我国拥有自主版权的 CAD 软件系统，是为满足国内企业界对计算机辅助设计不断增长的需求，由 CAXA 郑重推出的。CAXA 电子图板是在广大 CAXA 用户的热切关心下精心开发出来的，自 CAXA 电子图板 DOS 版发布以来，已经有数万正版用户在使用，利用它来为社会创造价值。这些热心用户在使用软件的同时，提出合理化的改进建议，促进系统不断完善，使其更好地符合我国工程设计人员的使用习惯，也促使 CAXA 始终跟踪国内外先进技术，尽力体现科技的最新成果，为用户提供更为全面的软件系统。

CAXA 电子图板是功能齐全的通用 CAD 系统，它以交互图形方式，对几何模型进行实时的构造、编辑和修改，并能够存储各类拓扑信息。CAXA 电子图板提供形象化的设计手段，帮助设计人员发挥创造性，提高工作效率，把设计人员从繁重的设计绘图工作中解脱出来，并有助于促进产品设计的标准化、系列化和通用化。

CAXA 电子图板已经在机械、电子、航空、航天、汽车、船舶、轻工、纺织、建筑及工程建设等领域得到广泛的应用。随着 CAXA 电子图板的不断完善，它将是设计工作中不可缺少的工具。

CAXA 电子图板适合于所有需要二维绘图的场合，利用它可以进行零件图设计、装配图设计、由零件图组装装配图、由装配图拆画零件图、工艺图表设计、平面包装设计、电气图纸设计等。

CAXA 电子图板具有以下特点。

（1）CAXA 电子图板是自主版权的中文计算机辅助设计绘图系统，具有友好的用户界面、灵活方便的操作方式。

（2）CAXA 电子图板从实用角度出发，功能强劲，操作步骤简练，是用户充分发挥创造性思维的有力工具。

（3）CAXA 电子图板在绘图过程中提供多种辅助工具，对用户进行全方位的支持和帮助，从而对用户的要求降至最低，用户无需具备精深的计算机知识，经过短暂的学习即可独立操作，从而使用户的投资能在最短的时间内获得回报。

（4）CAXA 电子图板提供强大的智能化工程标注方式，包括尺寸标注、坐标标注、文字标注、尺寸公差标注、形位公差标注、粗糙度标注等。标注的过程处处体现"所见即所得"的智能化思想，用户只需选择需要标注的方式，系统自动捕捉设计意图，具体标注的所有细节均由系统自动完成。

（5）CAXA 电子图板提供强大的智能化图形绘制和编辑功能，包括绘制基本的点、直线、圆弧、矩形等，以及样条线、等距线、椭圆、公式曲线等的绘制，提供裁剪、变换、拉伸、阵列、过渡、粘贴、文字和尺寸的修改等。

（6）CAXA 电子图板采用全面的动态拖画设计，支持动态导航、自动捕捉、自动消隐，具备全程 undo/redo 功能。

（7）CAXA 电子图板全面支持最新国家标准，已经通过国家机械 CAD 标准化审查。系统既备有符合国家标准的图框、标题栏等样式供选用，用户也可制作自己的图框、标题栏。

（8）在绘制装配图的零件序号、明细表时，系统自动实现零件序号与明细表联动。明细表还支持 Access 和 Excel 数据库接口。

（9）CAXA 电子图板为使用过其他 CAD 系统的用户提供了标准的数据接口，使用户可以有效地继承以前的工作成果以及与其他系统进行数据交换。

（10）CAXA 电子图板支持对象链接与嵌入，用户可以在绘制的图形中插入其他 Windows 应用程序生成的文件（如 Microsoft Word 的文档、Microsoft Excel 的电子表格等），也可以将绘制的图形嵌入到其他应用程序中。

（11）CAXA 电子图板支持 TrueType 矢量字库和 SHX 形文件，用户可以利用中文平台的汉字输入方法输入汉字，方便地在图纸上输入各种字体的文字。

（12）CAXA 电子图板提供方便高效的参数化图库，用户可以方便地调出预先定义好的标准图形或相似图形进行参数化设计，从而可极大地减轻绘图负担。图形的参量化过程既直观又简便，凡标有尺寸的图形均可参量化入库供以后调用，未标有尺寸的图形则可作为用户自定义图符来使用。

（13）CAXA 电子图板在原有基础上增加了大量国标图库，覆盖了机械设计、电气设计等各个行业。

1.2 CAXA 电子图板 2007 的安装、启动和退出

1.2.1 CAXA 电子图板 2007 的安装

启动 Windows 9x/2000/XP，将 CAXA 电子图板的光盘放入光盘驱动器，欢迎画面将自动弹出，单击相应的按钮即可运行电子图板的安装程序。

若欢迎画面没有自动弹出，打开"我的电脑"，选中光盘图标，右击，选择"打开"，在光盘目录中找到 Autorun.exe 文件，双击它即可启动欢迎画面。

（1）安装开始前会出现一个安装对话框，这个对话框是为安装收集信息，安装程序会利用此对话框要求选择安装时的一些细节问题。

（2）选择阅读安装向导的语言。根据需要选择相应的语言阅读安装程序，单击"确定"继续安装程序，或单击"取消"退出。

（3）在欢迎画面中单击"下一步"，继续安装程序，单击"取消"则出现退出安装对话框。在退出安装对话框中单击"继续"则继续安装程序，单击"退出设置程序"则退出安装程序，返回操作系统。

（4）在许可协议界面中，如果接受协议，单击"是"，继续安装；如果不接受协议，单击"否"，退出安装程序。

（5）CAXA 电子图板安装特别说明。阅读说明后单击"下一步"，继续安装程序。

（6）用户信息。输入姓名及所在单位和产品序列号，确认姓名及所在单位和产品序列号输入正确后，单击"下一步"继续安装程序。软件的序列号可以从软件的使用授权证书得到，注意产品序列号字符区分大小写。

（7）安装路径。安装程序默认将软件安装到 C 盘的\CAXA\CAXAEB\目录下，单击"浏览"，可以将软件安装到其他位置。

（8）选择电子图板运行时的语言，单击"下一步"继续。

（9）选择要安装的组件。要安装哪些模块则选中其前面的复选框，单击"下一步"继续。

（10）设置开始菜单的电子图板图标文件夹，单击"下一步"。

（11）安装程序设置确认。确认上述操作后，单击"下一步"开始安装。安装完成后，将自动弹出电子图板的启动文件夹。

安装完成后从光盘驱动器中取出 CAXA 电子图板光盘，以后每次运行 CAXA 电子图板不再放入该光盘。

1.2.2 CAXA 电子图板 2007 的启动

可以采用 3 种方法启动 CAXA 电子图板。

（1）正常安装完成后，在 Windows 桌面会出现 CAXA 电子图板的图标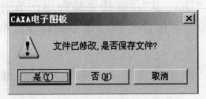，双击该图标就可以运行软件。

（2）选择"开始"→"程序"→"CAXA 电子图板 2007"→"CAXA 电子图板"选项即可运行软件。

（3）在电子图板的安装目录…CAXAEB\bin\中有一个 eb.exe 文件，双击即可运行。

1.2.3 CAXA 电子图板 2007 的退出

当完成绘图时，即可退出 CAXA 电子图板系统。退出系统的办法共有 3 种。

（1）单击界面右上角的"关闭"按钮 ✖ 。

（2）选择"文件"→"退出"命令。

（3）在命令与数据输入区输入退出的命令名 quit 或 exit。

如果系统当前文件没有保存，则弹出一个确认对话框，如图 1-1 所示。提示用户是否要保存，对该对话框提示作出选择后，即退出系统。

图 1-1   确认对话框

1.3   CAXA 电子图板的工作界面

用户界面（简称界面）是交互式绘图软件与用户进行信息交流的中介。系统通过界面反映当前信息状态或将要执行的操作，用户按照界面提供的信息作出判断，并经由输入设备进行下一步的操作。因此，用户界面被认为是人机对话的桥梁。

CAXA 电子图板的用户界面主要包括 5 个部分，即标题栏、菜单栏、工具栏、绘图区和状态栏，如图 1-2 所示。

1.3.1   标题栏

标题栏显示的是电子图板的标题，即当前绘制图形的名称，它位于界面的最上方。如果暂时未设定标题，则显示"无名文件"。

1.3.2   菜单栏

CAXA 电子图板提供了几种不同类型的菜单，即主菜单、立即菜单、工具菜单和光标菜单。

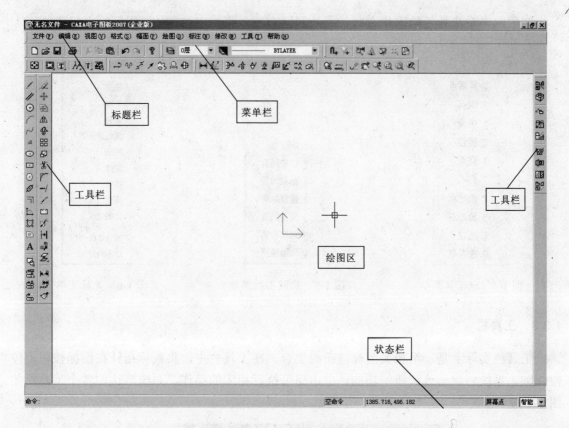

图 1-2　CAXA 电子图板的界面

1.　主菜单

如图 1-3 所示，主菜单由一行菜单条及其子菜单组成，菜单条包括文件、编辑、视图、格式、幅面、绘图、标注、修改、工具和帮助等菜单。每个菜单都含有若干个命令。

图 1-3　主菜单

2.　立即菜单

立即菜单描述了该项命令执行的各种情况和使用条件。用户根据当前的作图要求，正确地选择某一选项，即可得到准确的响应。

3.　工具菜单

工具菜单包括点工具菜单和拾取工具菜单。

如图 1-4 所示为点工具菜单，如图 1-5 所示为拾取工具菜单。

4.　光标菜单

光标菜单即在当前光标处右击弹出的菜单，通过此菜单可以快速执行当前状态下相关的命令。

例如，当系统处于拾取状态时，在绘图区右击，将弹出如图 1-6 所示的光标菜单。

图 1-4　点工具菜单　　　　图 1-5　拾取工具菜单　　　　图 1-6　光标菜单

1.3.3　工具栏

工具栏实际上是一组相关图标按钮的集合。在工具栏中，将鼠标指针在图标按钮上停留片刻，系统将提示该按钮的功能，单击即可执行相应的操作。系统默认的各个工具栏如图 1-7 所示。

图 1-7　系统默认的工具栏

根据自己的习惯和要求，可以对工具栏进行重新定义，也可以决定工具栏是否显示在屏幕上。

1.3.4　绘图区

绘图区是用户进行绘图设计的工作区域，位于屏幕的中心，占据了屏幕的大部分面积。

在绘图区的中央设置了一个二维直角坐标系，该坐标系称为世界坐标系，其坐标原点为（0.0000，0.0000）。

CAXA 电子图板以当前用户坐标系的原点为基准，水平方向为 X 方向，向右为正，向左为负；垂直方向为 Y 方向，向上为正，向下为负。

在绘图区用鼠标拾取的点或由键盘输入的点，均以当前用户坐标系为基准。

1.3.5 状态栏

CAXA 电子图板提供了多种显示当前状态的功能，包括屏幕状态显示、操作信息提示、当前工具点设置及拾取状态显示等，下面逐一介绍。具体状态栏如图 1-8 所示。

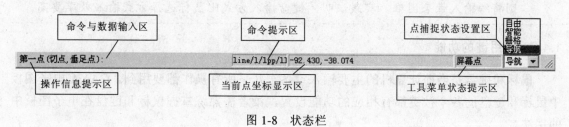

图 1-8 状态栏

（1）当前点坐标显示区：该区位于状态栏的中部。当前点的坐标值随鼠标指针的移动作动态变化。

（2）操作信息提示区：该区位于状态栏的左侧，用于提示当前命令执行情况或提醒用户输入。

（3）点捕捉状态设置区：该区位于状态栏的最右侧，在此区域内设置点的捕捉状态，分别为自由、智能、栅格和导航。

（4）工具菜单状态提示区：该区位于点捕捉状态设置区的左侧，自动提示当前点的性质以及拾取方式。例如，点可能为屏幕点、切点、端点等，拾取方式为添加状态、移出状态等。

（5）命令与数据输入区：该区位于操作信息提示区的右侧，用于输入命令或数据。

（6）命令提示区：该区位于命令与数据输入区右侧，显示目前所输入命令的提示，便于用户快速掌握电子图板的键盘命令。

1.4 基本操作

本节将介绍 CAXA 电子图板的基本操作，其中包括命令的执行、点的输入、选取实体、立即菜单的操作、鼠标右键的直接操作功能、对话框的操作和获得帮助。

1.4.1 命令的执行

CAXA 电子图板作为交互式绘图软件，绘制图形、编辑图形等几乎所有动作都要依赖于用户的命令。执行命令的方式有两种：用鼠标选择和通过键盘输入。这两种输入方式并行存在，为不同程度的用户提供了操作上的方便。

鼠标选择方式就是根据屏幕显示的状态或提示，单击所需的菜单或者工具栏按钮。菜单或者工具栏按钮的名称与其功能一致。选中菜单或者工具栏按钮就意味着执行了与其对应的键盘命令。键盘输入方式是直接输入命令名或数据来执行命令。

注意 在操作提示为"命令"时，使用鼠标右键和 Enter 键可以重复执行上一条命令，命令结束后自动退出该命令。

鼠标选择方式主要适合于初学者或是已经习惯于使用鼠标的用户，键盘输入方式适合于习惯键盘操作的用户。键盘输入方式要求操作者熟悉软件的命令及其功能，否则将给输入带来困难。实践证明，键盘输入方式比鼠标选择方式输入效率要高。

1.4.2　常用键的功能

鼠标和键盘是当前计算机的主要输入设备，几乎所有操作都要用到。CAXA 电子图板中鼠标和键盘的各个按键都有相应的功能设置，读者需熟练掌握鼠标和键盘在电子图板中的用法。

1. 鼠标

鼠标的左键功能为选择菜单和拾取实体，右键的功能为确认拾取、终止当前命令和重复上一命令（在命令状态下）。

2. Enter 键

Enter 键的功能为结束数据的输入、确认默认值和重复上一条命令（同鼠标右键）。

3. 空格键

空格键的功能为激活点工具菜单和拾取工具菜单。

4. 控制光标的键盘键

在 CAXA 电子图板中，控制光标的键盘键主要有以下几个。

（1）方向键：在命令与数据输入区中用于移动光标的位置，其他情况用于显示平移图形。

（2）PageUp 键：放大显示。

（3）PageDown 键：缩小显示。

（4）Home 键：在输入框中用于将光标移至行首，其他情况用于显示复原。

（5）End 键：在输入框中用于将光标移至行尾。

（6）Delete 键：删除对象。

5. 功能键

在 CAXA 电子图板中设置 F1～F9 为功能键，使用每个功能键可以完成某种预定的操作。

（1）F1 键：请求系统帮助。在执行任何一种操作时，如果有疑问可以按 F1 键，系统会列出与该操作有关的技术内容，指导用户完成相关操作。

（2）F2 键：拖动图形时，动态切换拖动值和坐标值。

（3）F3 键：显示全部图形。

（4）F4 键：指定一个当前点作为参考点，用于相对坐标点的输入。如果想把某个点作为参考点进行相对坐标输入，则可以按 F4 键，此时在立即菜单上出现提示文字"请指定参考点"，可以按提示拾取某一特征点作为参考点，系统把该点作为下一点的相对基准点，紧接着需要输入相对参考点的相对坐标。

（5）F5 键：当前坐标切换开关。如果建立了用户坐标系，可以使用 F5 键进行切换。

（6）F6 键：捕捉方式切换开关，进行自由、智能、栅格和导航 4 种捕捉方式的切换。

（7）F7 键：三视图导航开关。

（8）F8 键：鹰眼开关。

（9）F9 键：全屏显示。

1.4.3 点的输入

点是最基本的图形元素，其他所有图形元素都要利用点来定位和输入图形相关参数。因此，点的输入是各种绘图操作的基础。

CAXA 电子图板中，点的输入方式有三种：键盘输入方式、鼠标输入方式和工具点捕捉方式。为了更快速地用鼠标选取特定的点，CAXA 电子图板还设置了四种自动点捕捉方式，分别为自由、智能、栅格和导航。

1. 由键盘输入点的坐标

坐标是用来确定直线上一点、空间一点、给定平面或曲面上一点位置的有次序的一组数，在二维平面中，这组数由两个数组成。如果采用笛卡儿坐标系（或者称为直角坐标系），两个数中，第一个表示横向的坐标 X，第二个表示纵向的坐标 Y；如果采用极坐标系，两个数中，第一个表示极轴长度，第二个表示极轴与水平线的角度。

点在屏幕上的坐标有绝对坐标和相对坐标两种方式，它们在输入方法上是完全不同的，正确地掌握其输入方式可以更好更快地绘制图形。

（1）绝对坐标的输入方法很简单，可直接通过键盘输入 X、Y 坐标，但 X、Y 坐标值之间必须用逗号隔开。例如，"30，40"，"20，－10"等。如果是极坐标，需要用"<"将输入的两个数隔开。例如，"63<36"，"45<90"等。

（2）相对坐标是指相对系统当前点的坐标，与坐标系原点无关。输入时，为了区分不同性质的坐标，CAXA 电子图板对相对坐标的输入作了如下规定：输入相对坐标时必须在第一个数值前面加上一个符号@，以表示相对。例如，输入"@60，84"，表示相对参考点来说，输入了一个 X 坐标为 60、Y 坐标为 84 的点。同理，对于极坐标的方式，输入"@60<84"表示相对当前点的极坐标半径为 60，半径与 X 轴的逆时针夹角为 84°。

注意 绝对坐标是相对当前的坐标原点而言的，若设置了新坐标系，则绝对坐标是相对新的坐标原点的。

参考点是系统自动设定的相对坐标的参考基准，它通常是用户最后一次操作点的位置。在当前命令的交互过程中，可以按 F4 键，专门确定希望的参考点。

---

2. 用鼠标输入点的坐标

用鼠标输入点的坐标就是通过移动十字光标选择需要输入的点的位置。选中后单击，该点的坐标即被输入。用鼠标输入的都是绝对坐标。用鼠标输入点时，应当一边移动十字光标，一边观察状态栏中的坐标显示数字的变化，以便尽快较准确地确定待输入点的位置。

鼠标输入方式与工具点捕捉方式配合使用可以准确地定位特征点，如端点、切点、垂足点等。

3. 工具点的捕捉

工具点是 CAXA 电子图板提供给用户的几何图形上的一些特征点，如圆心点、切点、端点、中点等，因此也称为特征点。所谓工具点捕捉就是使用鼠标捕捉点工具菜单中的某个特征点。

当选择作图命令，需要输入特征点时，只需按空格键，即在屏幕上弹出点工具菜单。利用点工具菜单可以准确、快捷地捕捉到所需的特征点，图 1-4 给出了点工具菜单的所有选项。

（1）屏幕点：屏幕上的任意位置点。

（2）端点：直线或曲线的端点。

（3）中点：直线或曲线的中点。

（4）圆心：圆或圆弧的圆心。

（5）交点：两直线或两曲线的交点。

（6）切点：曲线的切点。

（7）垂足点：曲线的垂足点。

（8）最近点：曲线上距离捕捉光标最近的点。

（9）孤立点：屏幕上已存在的点。

（10）象限点：圆或圆弧的象限点。

注意　工具点的默认状态为屏幕点，如果选取了其他状态，在状态栏的点捕捉状态设置区会显示当前的工具点捕捉状态，但这种点的捕捉方式只能使用一次，用完之后便立即回到"屏幕点"状态。

当使用工具点捕捉时，其他设定的捕获方式暂时被抑制，这就是工具点捕获优先原则。

例如，图 1-9 所示为使用"直线"命令绘制公切线，并利用工具点捕捉进行作图。其操作顺序如下。

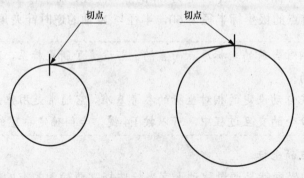

图 1-9　工具点捕捉

（1）选择"绘图"→"直线"命令。

（2）系统提示"第一点"时，按空格键，在点工具菜单中选择"切点"，拾取圆，捕获切点。

（3）当系统提示"下一点"时，按空格键，在点工具菜单中选择"切点"，拾取另一圆，捕获切点。

4. 自动捕捉方式

（1）自由点捕捉：鼠标指针在绘图区内移动时不自动吸附到任何特征点上，点的输入完全由鼠标指针在绘图区内的实际定位来确定。

（2）智能点捕捉：当鼠标指针在绘图区内移动时，如果它与某些特征点的距离在其拾取范围之内，那么它将吸附到距离最近的那个特征点上，这时点的输入是由吸附上的特征点坐标来确定的。可以吸附的特征点包括孤立点、端点、中点、圆心点、象限点、交点、切点、垂足点、最近点等。当选择智能点捕捉时，这些特征点统称为智能点。如果不需要对所有的智能点都进行捕捉，可以根据需要随时选择特定的智能点进行捕捉。

（3）栅格点捕捉：栅格点就是在绘图区内沿当前用户坐标系的 X 方向和 Y 方向等间距排列的点。鼠标指针在绘图区内移动时会自动吸附到距离最近的栅格点上，这时点的输入是由吸附上的特征点坐标来确定的。当选择栅格点捕捉方式时，还可以设置栅格点的间距、栅格点的可见与不可见。当栅格点不可见时，栅格点的自动吸附依然存在。

（4）导航点捕捉：导航点捕捉与智能点捕捉有相似之处但也有明显的区别。相似之处就是它们的特征点相似，都包括孤立点、端点、中点、圆心点、象限点等。当选择导航点捕捉时，这些特征点统称为导航点。区别在于选择智能点捕捉时，十字光标线的 X 坐标线和 Y 坐标线都必须距离智能点最近时才能吸附上；而选择导航点捕捉时，只需十字光标线的 X 坐标线或 Y 坐标线距离导航点最近就可吸附上。

1.4.4 选取实体

绘图时所用的直线、圆弧、块或图符等在交互软件中称为实体。CAXA 电子图板中的实体有下面一些类型：直线、圆或圆弧、点、椭圆、块、剖面线、尺寸等。

拾取实体就是根据作图的需要，在已经画出的图形中选取作图所需的某个或某几个实体。

拾取实体是经常要用到的操作，应当熟练掌握。已选中的实体集合称为选择集。当交互操作处于拾取状态（工具菜单状态提示区出现"添加状态"或"移出状态"）时用户可通过操作拾取工具菜单来改变拾取的特征。

用鼠标或窗口方式拾取实体并构成选择集后，按空格键，即可弹出如图 1-5 所示的拾取工具菜单。其中各选项的作用如下。

（1）拾取所有：拾取所有就是拾取画面上所有的实体。系统规定，在所有被拾取的实体中不应含有拾取设置中被过滤掉的实体和被关闭图层中的实体。

（2）拾取添加：指定系统为拾取添加状态，此后拾取到的实体将放到选择集中。（拾取操作有两种状态：添加状态和移出状态）

（3）取消所有：取消所有被拾取到的实体。

（4）拾取取消：从拾取到的实体中取消某些实体。

（5）取消尾项：取消最后拾取到的实体。

上述几种拾取实体的操作都是通过鼠标来完成的。也就是说，通过移动十字光标，将其交叉点或靶区方框对准待选择的某个实体，单击即可完成拾取的操作。

1.4.5 立即菜单的操作

输入某些命令后，在绘图区的底部会弹出一行立即菜单。例如，输入画直线的命令（输入 line 或单击"绘图工具"工具栏中的"直线"按钮），则弹出一行立即菜单，如图 1-10 所示。

图 1-10 直线的立即菜单

此菜单表示当前待画的直线为两点线方式、非正交的连续直线。在显示立即菜单的同时，在其下面显示如下提示："第一点（切点，垂足点）"。括号中的"切点，垂足点"表示此时可输入切点或垂足点。需要说明的是，在输入点时，如果没有提示"（切点，垂足点）"，则表示不能输入工具点中的切点或垂足点。按要求输入第一点后，系统会提示"第二点（切点，垂足点）"。再输入第二点，系统在屏幕上从第一点到第二点画出一条直线。

立即菜单的主要作用是可以选择某一命令的不同功能。可以单击立即菜单中的下拉箭头或用组合键"Alt＋数字键"进行激活，如果下拉菜单中有很多可选项，使用"Alt+连续数字键"进行选项的循环。如上例，如果想在两点间画一条正交直线，那么可以单击立即菜单中的"3：非正交"或用 Alt＋3 激活，则该菜单变为"3：正交"。如果要使用"平行线"命令，那么可以单击立即菜单中的"1：平行线"或用 Alt＋1 激活。

1.4.6 鼠标右键的直接操作功能

在无命令执行状态下，用鼠标左键或窗口拾取实体，被拾取的实体将变成拾取加亮颜色（默认为红色），此时可单击任一被选中的元素，然后按下鼠标左键移动鼠标来随意移动该元素。

对于圆、直线等基本曲线还可以单击其控制点（屏幕上的紫色亮点，如图 1-11 左图）来进行拉伸操作。进行这些操作后，图形元素依然是被选中的，即依然是以拾取加亮颜色显示。系统认为被选中的实体为操作的对象，此时右击，则弹出相应的快捷菜单（如图 1-11 右图），选择相应的命令，则将对选中的实体进行相应的操作。拾取不同的实体（或实体组），将会弹出不同的快捷菜单。

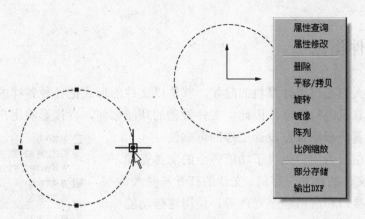

图 1-11　右键直接操作功能

1.4.7　对话框的操作

CAXA 电子图板的有些命令是使用对话框进行人机交互的,如线型设置、颜色设置、图层设置、图纸幅面设置、文件管理等。对话框中列出了系统与用户进行对话的内容,应当根据当前操作的需要做出回答。回答的方法一般是在相应的选择项或者按钮上单击。

对话框一般都有"确定"和"取消"按钮。正确选择后必须单击"确认"按钮来加以确认,否则对话无效。当回答有误时,可单击"取消"按钮取消对话操作。

1.4.8　获得帮助

CAXA 电子图板为用户提供了详细的帮助系统。当在操作上遇到问题时,单击主菜单上的"帮助"菜单,出现下拉菜单后,选择"帮助索引"命令,即可进入如图 1-12 所示的帮助系统,从中可获取相应的帮助。

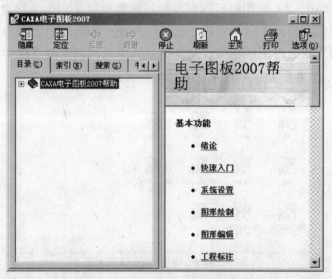

图 1-12　CAXA 电子图板的帮助系统

1.5 基本文件操作

众所周知，人们在使用计算机的时候，都是以文件的形式把各种各样的信息存储在计算机中，并由计算机进行管理。因此，文件管理的功能如何，直接影响用户对系统的信赖程度，当然，也直接影响绘图设计工作的可靠性。

CAXA 电子图板为用户提供了功能齐全的文件管理系统，其中包括文件的建立与存储、文件的打开与并入、绘图输出、数据接口和应用程序管理等。使用这些功能可以灵活、方便地对原有文件或屏幕上的绘图信息进行管理，有序的文件管理环境既能方便用户的使用，又可使用户提高绘图效率，是电子图板系统不可缺少的组成部分。

文件管理功能通过主菜单中的"文件"菜单来实现，如图 1-13 所示为"文件"菜单。选择相应的命令，即可对文件实现相应的管理操作。下面介绍各类文件的管理操作方法。

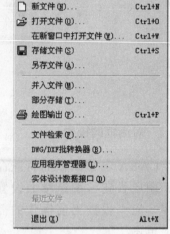

图 1-13 "文件"菜单

1.5.1 创建新文件

创建新文件即创建基于模板的图形文件。

创建新文件的操作步骤如下。

（1）选择"文件"→"新文件"命令，或者直接在命令与数据输入区输入创建新文件的命令名 new，弹出"新建"对话框，如图 1-14 所示。对话框中列出了若干个模板文件，它们是国标规定的 A0～A4 的图幅、图框及标题栏模板以及一个名称为 EB 的空白模板文件。这里所说的模板，实际上就是相当于已经印好图框和标题栏的空白图纸。调用某个模板文件相当于调用一张空白图纸，模板的作用是减少用户的重复性操作。

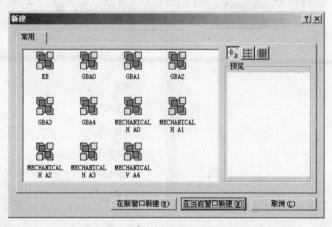

图 1-14 "新建"对话框

（2）选取所需模板，单击"在当前窗口新建"按钮，一个用户选取的模板文件被调出，并显示在绘图区，这样一个新文件就建立了。由于调用的是模板文件，在标题栏中显示的是无名文件。CAXA 电子图板中的建立文件，是用选择模板文件的方法建立新文件，实际上是为用户调用一张有名称的绘图纸，这样就大大地方便了用户。如果选择模板后，单击"在新窗口新建"，将新打开一个电子图板绘图窗口。

（3）建立新文件以后，就可以应用图形绘制、编辑、标注等各项功能随心所欲地进行各种操作了。

注意 当前的所有操作结果都记录在内存中，只有在存盘以后，绘图成果才会被永久地保存下来。

在画图以前，也可以不执行本操作，采用调用图幅、图框的方法或者以无名文件方式直接画图，最后在存储文件时再给文件命名。

（4）要新建一个文件，也可单击按钮 ⎕，然后进行相关操作即可。

1.5.2 打开文件

打开文件即打开一个 CAXA 电子图板的图形文件或其他绘图文件。

打开文件的操作步骤如下。

（1）选择"文件"→"打开文件"命令，或者直接在命令与数据输入区输入打开文件的命令名 open，弹出"打开文件"对话框，如图 1-15 所示。对话框上部为 Windows 标准文件对话框，下部为图纸属性和图形的预览。

图 1-15 "打开文件"对话框

（2）选择要打开的文件，单击"打开"按钮，将打开一个图形文件。如果读入的为 DOS

版文件，则没有图纸属性和图形的预览，且在打开文件后，将原来的 DOS 版文件作一个备份，将扩展名改为.old，存放在 temp 目录下。

要打开一个文件，也可单击按钮 ☞，然后进行相应的操作即可。

注意 在"打开文件"对话框中，单击"文件类型"下拉列表框中的下拉按钮，可以显示 CAXA 电子图板所支持的数据文件的类型，如图 1-16 所示，通过类型的选择可以打开不同类型的数据文件。

图 1-16 选择文件类型

1.5.3 存储文件

存储文件即将当前绘制的图形以文件形式存储到磁盘上。

存储文件的操作步骤如下。

（1）选择"文件"→"存储文件"命令，或者直接在命令栏输入存储文件的命令名 save。如果当前没有文件名，则弹出如图 1-17 所示的"另存文件"对话框。

（2）在"文件名"文本框中，输入一个文件名，单击"保存"按钮，系统即按所给文件名存盘。

（3）如果当前文件名存在（即状态区显示的文件名），则直接按当前文件名存盘，此时不出现对话框，系统以当前文件名存盘。

注意 一般情况下在第一次存盘以后，当再次选择"存储文件"命令或输入 save 命令时，就会出现这种情况。这是很正常的，不必担心因无对话框而没有存盘的现象。经常把自己的绘图结果保存起来是一个好习惯，这样，可以避免因发生意外而使绘图成果丢失。

图 1-17 "另存文件"对话框

（4）要对所存储的文件设置密码，单击"设置"按钮，按照提示重复设置两次密码即可。要存储一个文件，也可以单击按钮■。

选择"文件"→"另存文件"命令，也能出现如图 1-17 所示的对话框。

注意 在"另存文件"对话框中，单击"保存类型"下拉列表框中的下拉按钮，可以显示 CAXA 电子图板所支持的数据文件的类型，如图 1-18 所示，通过类型的选择可以保存不同类型的数据文件。

图 1-18 选择保存文件类型

1.5.4 并入文件

并入文件即将用户输入的文件名所代表的文件并入到当前的文件中。如果有相同的层，则并入到相同的层中，否则全部并入当前层。

并入文件的操作步骤如下。

（1）选择"文件"→"并入文件"命令，或者直接在命令栏输入并入文件的命令名 merge，弹出如图 1-19 所示的"并入文件"对话框。

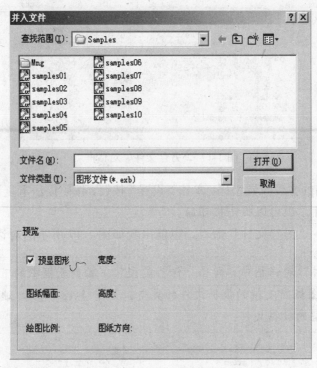

图 1-19 "并入文件"对话框

（2）选择要并入的文件名，单击"打开"按钮。

（3）弹出如图 1-20 所示的立即菜单，其中的选项"比例"指并入图形放大（缩小）比例。

（4）根据系统提示输入并入文件的定位点后，系统提示"请输入旋转角："。

（5）输入旋转角后，系统会调入用户选择的文件，

图 1-20 并入文件弹出的立即菜单

并将其在指定点以给定的角度并入到当前的文件中。此时，两个文件的内容同时显示在屏幕上，而原有的文件保留不变，并入后的内容可以用一个新文件名存盘。

注意 将几个文件并入一个文件时最好使用同一个模板，模板中定好这张图纸的参数设置、系统配置，以及层、线型、颜色的定义和设置，以保证最后并入时，每张图纸的参数设置及层、线型、颜色的定义都是一致的。

1.5.5 部分存储

部分存储即将图形的一部分存储为一个文件。

部分存储的操作步骤如下。

（1）选择"文件"→"部分存储"命令，或者直接在命令栏输入部分存储的命令名 partsave，系统提示"拾取元素："。

（2）拾取要存储的元素，右击确认，系统提示"请给定图形基点："。

（3）指定图形基点后，弹出如图 1-21 所示的"部分存储"对话框；输入文件名后，即将所选中的图形存入指定的文件中。

图 1-21 "部分存储"对话框

注意 选择"部分存储"命令只存储了图形的实体数据而没有存储图形的属性数据（参数设置、系统配置及层、线型、颜色的定义和设置），而选择"存储文件"命令则将图形的实体数据和属性数据都存储到文件中。

1.5.6 绘图输出

绘图输出即将排版后的图形按一定要求由输出设备输出图形。

绘图输出的操作步骤如下。

（1）选择"文件"→"绘图输出"命令，或者直接在命令栏输入绘图输出的命令名 plot，弹出如图 1-22 所示的"打印"对话框。

（2）根据当前绘图输出的需要从中选择输出图形、纸张大小、映射关系等一系列相关内容，确认后，即可进行绘图输出。

主对话框中各选项的内容说明如下。

（1）"打印机"选项组：在此区域内选择需要的打印机型号，并且相应地显示打印机的状态。

> 文字消隐：在打印时，设置是否对文字进行消隐处理。

> 黑白打印：选中该项后，在不支持无灰度的黑白打印的打印机上，可达到更好的黑白打印效果，不会出现某些图形颜色变浅看不清楚的问题，使得电子图板输出设备的能力得到进一步加强。

> 文字作为填充：选中该项后，在打印时，将文字作为图形来处理。

> 打印到文件：如果不将文档发送到打印机上打印，而将结果发送到文件中，可选中"打印到文件"复选框。选中该复选框后，系统将控制绘图设备的指令输出到一个扩展名为.prn 的文件中，而不是直接送往绘图设备。输出成功后，用户可单独使用此文件在没有安装 EB 的计算机上输出。

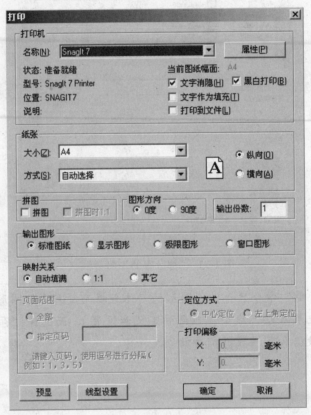

图 1-22 "打印"对话框

（2）"纸张"选项组：在此区域内设置当前所选打印机的纸张大小、纸张来源等。

图纸方向：选择图纸方向为横放或竖放。

（3）"拼图"选项组：选中"拼图"复选框，系统自动用若干张小号图纸拼出大号图形，拼图的张数根据系统当前纸张大小和所选取的图纸幅面的大小来确定。

（4）图形方向选项组：在此区域内设置图形的旋转角度为 0°或 90°。

（5）"输出图形"选项组：指待输入图形的范围，系统规定输出的图形可在下面 4 种范围内选取，即标准图纸、显示图形、极限图形和窗口图形。

➤ "标准图纸"指输出当前系统定义的图纸幅面内的图形。

➤ "显示图形"指输出在当前屏幕上显示的图形。

➤ "极限图形"指输出当前系统所有可见图形。

➤ "窗口图形"指输出在指定的矩形框内的图形。

（6）"映射关系"选项组：指屏幕上的图形与输出到图纸上的图形的比例关系。

➤ "自动填满"指的是输出的图形完全在图纸的可打印区内。

➤ "1:1"指的是输出的图形按照 1:1 的关系进行输出，如果图纸幅面与打印纸大小相同，由于打印机有硬裁剪区，可能导致输出的图形不完全。要想得到 1:1 的图纸，可采用拼图的方式。

（7）定位方式：有两种方式可以选择，即中心定位和左上角定位。

（8）"线型设置"按钮：单击此按钮后弹出如图 1-23 所示的对话框，系统允许输入标准线型的输出宽度。在下拉列表框中列出了国标规定的线宽系列值，可选取其中任一组，也可在输入框中输入数值。线宽的有效范围为 0.08～2.0mm。

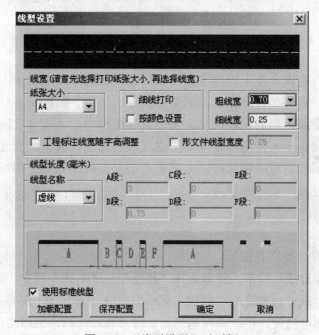

图 1-23 "线型设置"对话框

1.5.7 文件检索

文件检索即从本地计算机或网络计算机上查找符合条件的文件。检索条件可以指定路径、文件名、EB 电子图板文件标题栏中属性的条件。

若要进行文件检索操作，只需选择"文件"→"文件检索"命令，或者直接在命令栏中输入文件检索命令名 idx，即可弹出如图 1-24 所示的"文件检索"对话框；从中输入检索条件即可查找到符合条件的文件。

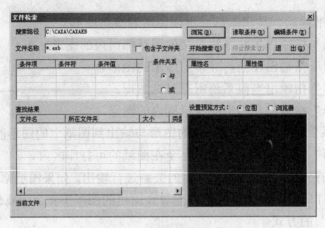

图 1-24 "文件检索"对话框

1.5.8 退出

退出 CAXA 电子图板系统，可参考 1.2.3 节内容。

1.6 视图控制

视图控制命令与编辑命令不同，它们只改变图形在屏幕上的显示方法，而不能使图形产生实质性的变化，它们允许操作者按期望的位置、比例、范围等条件进行显示。但是，操作的结果既不改变原图形的实际尺寸，也不影响图形中原有实体之间的相对位置关系。也就是说，视图控制命令的作用只是改变了主观视觉效果，而不会引起图形产生客观的实际变化。图形的显示控制对绘图操作，尤其是绘制复杂视图和大型图纸时具有重要作用，在图形绘制和编辑过程中会经常使用。

1.6.1 重画

重画即刷新当前屏幕所有图形。

进行重画的操作方法很简单，只需选择"视图"→"重画"命令，或单击"常用工具"工具栏中的 按钮，或者直接在命令栏输入重画的命令名 redraw，屏幕上的图形发生闪烁，此时，屏幕上原有图形消失，但立即在原位置把图形重画一遍，也即实现了图形的刷新。

1.6.2 重新生成

重新生成即将显示失真的图形进行重新生成的操作，可以将显示失真的图形按当前窗口的显示状态进行重新生成。

选择"视图"→"重新生成"命令，或者直接在命令栏输入重新生成的命令名 refresh，即可执行"重新生成"命令。

例如，圆和圆弧等元素都是由一段一段的线段组合而成的，当图形放大到一定比例时会出现显示失真的效果，如图 1-25 所示；执行"重新生成"命令，软件会提示"拾取添加"，鼠标指针变为拾取形状,拾取半径为 2.5 的圆形,右击结束命令,圆的显示已经恢复正常,如图 1-26 所示。

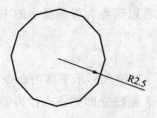

图 1-25 失真后的圆形

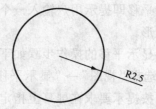

图 1-26 重新生成的图形

1.6.3 全部重新生成

全部重新生成即将绘图区内显示失真的图形全部重新生成。

进行全部重新生成的操作比较简单:选择"视图"→"全部重新生成"命令,或者直接在命令栏中输入全部重新生成的命令名 refreshall,即可使图形中所有元素进行重新生成。

1.6.4 显示窗口

显示窗口即提示用户输入一个窗口的上角点和下角点,系统将两角点所包含的图形充满绘图区进行显示。它是 CAXA 电子图板视图控制命令中非常方便有效的命令。

进行显示窗口操作的操作步骤如下。

(1)选择"视图"→"显示窗口"命令,或在"常用工具"工具栏中单击按钮 ⬚,或者直接在命令栏输入显示窗口的命令名 zoom。

(2)按提示要求在所需位置输入显示窗口的第一个角点,输入后十字光标立即消失。此时再移动鼠标时,出现一个由方框表示的窗口,窗口大小可随鼠标的移动而改变,窗口所确定的区域就是即将被放大的部分,窗口的中心将成为新的屏幕显示中心。在该方式下,不需要给定缩放系数,CAXA 电子图板将把给定窗口范围按尽可能大的原则,将选中区域内的图形按充满绘图区的方式重新显示出来。

例如,图 1-27 所示为显示窗口操作在实际绘图中的一个应用。在绘制小半径螺纹时,如果在普通显示模式下,将很难画出内螺纹。而用窗口拾取螺杆部分,在绘图区内按尽可能大的原则显示,可以较容易地绘制出内螺纹。

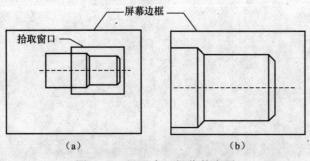

图 1-27 显示窗口操作的应用
(a)拾取窗口;(b)显示变换结果

1.6.5 显示平移

显示平移即提示用户输入一个新的显示中心点，系统将以该点为屏幕显示的中心，平移显示图形。

进行显示平移的操作步骤如下。

（1）选择"视图"→"显示平移"命令，或者直接在命令栏输入显示平移的命令名 pan。

（2）按提示要求在屏幕上指定一个显示中心点，单击。系统立即把该点作为新的屏幕显示中心将图形重新显示出来。

注意 本操作不改变缩放系数，只将图形作平行移动。

可以使用上、下、左、右方向键使屏幕中心进行显示的平移。

1.6.6 显示全部

显示全部即将当前绘制的所有图形全部显示在屏幕绘图区内。

要进行显示全部操作，只需选择"视图"→"显示全部"命令，或单击"常用工具"工具栏中"显示全部"按钮，或者直接在命令栏输入显示全部的命令名 zoomall，则用户当前所画的全部图形将在绘图区显示出来，而且系统按尽可能大的原则，将图形按充满绘图区的方式重新显示出来。

例如，如图 1-28 所示的图形，选择"显示全部"命令后将会如图 1-29 所示。

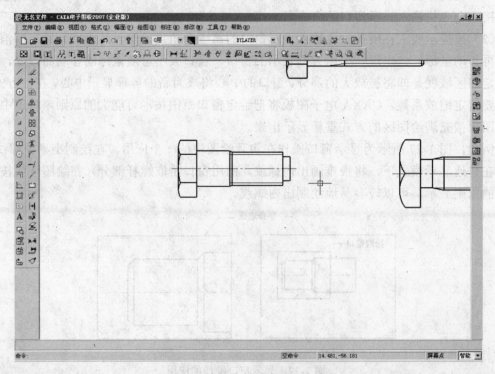

图 1-28 选择"显示全部"命令前

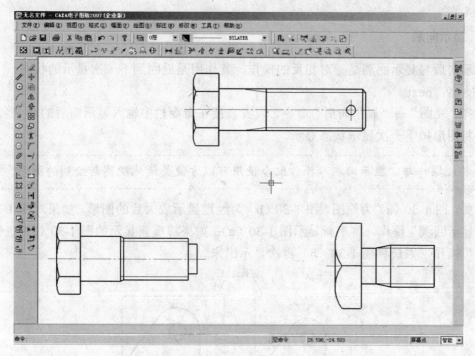

图 1-29　选择"显示全部"命令后

1.6.7　显示复原

显示复原即恢复初始显示状态，即当前图纸大小的显示状态。

用户在绘图过程中，根据需要对视图进行各种显示变换后，为了返回初始状态，观看图形在标准图纸下的状态，可选择"视图"→"显示复原"命令，或者直接在命令栏中输入显示复原的命令名 home，或者按 Home 键，系统立即将屏幕内容恢复到初始显示状态。

1.6.8　显示比例

显示比例即根据用户输入的比例系数将图形缩放后重新显示。

选择"视图"→"显示比例"命令，或者直接在命令栏中输入显示比例的命令名 vscale，按提示要求输入一个数值（该数值就是图形缩放的比例系数），并按 Enter 键。此时，一个由输入数值决定放大（或缩小）比例的图形将被显示出来。

1.6.9　显示回溯

显示回溯即取消当前显示，返回到显示变换前的状态。

选择"视图"→"显示回溯"命令，或在"常用工具"工具栏中单击"显示回溯"按钮，或者直接在命令栏中输入显示回溯的命令名 prew，系统立即将图形按上一次显示状态显示出来。

注意　"显示回溯"命令只用于显示状态的操作，不会对图形操作产生任何影响。

1.6.10 显示向后

显示向后与显示回溯是一对相反的操作，其作用是返回到下一次显示的状态。

命令名：next

选择"视图"→"显示向后"命令，或者直接在命令栏中输入显示向后的命令名 next，系统即将图形按下一次显示状态显示。

注意 将此操作与"显示回溯"操作配合使用可以方便灵活地观察新绘制的图形。

例如，图 1-30（a）为原图，图 1-30（b）为经过显示放大后的图形。如果对图 1-30（b）进行"显示回溯"操作，将重新显示图 1-30（a）；如果将重新显示的图 1-30（a）进行"显示向后"操作，系统将图 1-30（b）再次显示出来。

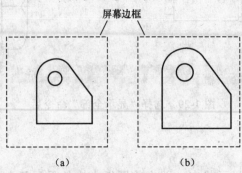

图 1-30　显示回溯与显示向后

1.6.11 显示放大

显示放大即按固定比例将绘制的图形进行放大显示。

选择"视图"→"显示放大"命令，或按 PageUp 键，或者直接在命令栏中输入显示放大的命令名 zoomin，鼠标指针会变成放大镜形状，每单击一次都可以将所有图形放大 1.25 倍显示。右击可以结束放大操作。

1.6.12 显示缩小

显示缩小即按固定比例将绘制的图形进行缩小显示。

命令名：zoomout

选择"视图"→"显示缩小"命令，或按 PageDown 键，或者直接在命令栏输入显示缩小的命令名 zoomout，此时，鼠标指针会变成缩小镜形状，每单击一次都可以将所有图形缩小 0.8 倍显示。右击可以结束缩小操作。

1.6.13 动态平移

动态平移即拖动鼠标平行移动图形，使用动态平移可以极其方便地绘制和编辑图形。

动态平移有 3 种操作方法。

（1）选择"视图"→"动态平移"命令或者单击"动态平移"按钮，或者直接在命令栏输入动态平移的命令名 dyntrans。

（2）按住 Shift 键的同时按住鼠标左键移动鼠标。

（3）如果使用的是三键鼠标或者带滚轮的鼠标，可以按住鼠标的中键或者按住滚轮，移动鼠标即可实现动态平移，这种方法更加快捷、方便。

选择"动态平移"命令后，鼠标指针变成动态平移的十字状图标。右击可以结束动态平移操作。

1.6.14 动态缩放

动态缩放即移动鼠标放大或缩小显示图形。

动态缩放有 3 种操作方法。

（1）选择"视图"→"动态缩放"命令或者单击"动态缩放"按钮，或者直接在命令栏输入动态缩放的命令名 dynscale。

（2）按住 Shift 键的同时按住鼠标右键移动鼠标也可以实现动态缩放，这种方法较为方便、精确。

（3）如果使用的是滚轮鼠标，可以上下滚动滚轮实现动态缩放，这种方法更加快捷、方便，但相对不精确。

选择"动态缩放"命令后，鼠标指针变成动态缩放图标，按住鼠标左键，鼠标向上移动为放大，向下移动为缩小。右击可以结束动态缩放操作。

1.6.15 全屏显示

全屏显示即将当前绘图区的所有图形扩展显示到整个屏幕。

选择"视图"→"全屏显示"命令，或单击"全屏显示"工具栏中的"全屏显示"按钮，或者直接在命令栏中输入全屏显示的命令名 fullview，即可全屏幕显示图形，如图 1-31 所示，按 Esc 键可以退出全屏显示状态。

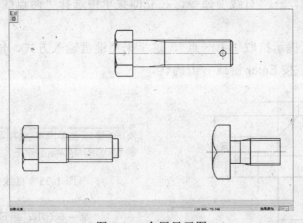

图 1-31 全屏显示图

为了绘图方便，执行"全屏显示"命令后，在屏幕中保留了立即菜单。如果还需要在屏幕中显示其他工具栏，可以右击屏幕左上角的"全屏显示"工具栏，弹出如图1-32所示的"显示/隐藏"菜单。

注意 全屏显示功能不能在老界面下使用，如果在老界面下选择"全屏显示"命令，将弹出如图1-33所示的对话框；如果单击"是"按钮，则系统自动切换回新界面并进入全屏显示。

图 1-32 "显示/隐藏"工具栏菜单

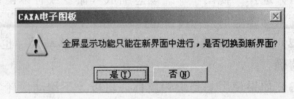

图 1-33 切换界面对话框

1.7 操作实例

通过本章操作实例主要熟悉 CAXA 电子图板中点的输入、拾取，选取实体的方法以及视图控制功能的操作方法。下面绘制如图 1-34 所示的图形。

具体操作步骤如下。

（1）启动 CAXA 电子图板。

（2）选择"绘图"→"直线"命令，在立即菜单中选择"两点线—连续—正交"的方式，如图 1-35 所示。

（3）命令提示区提示拾取"第一点"，这里采用键盘输入方式，输入第一点坐标"0，0"，如图 1-36 所示，按 Enter 键或右击确认。

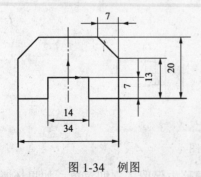

图 1-34 例图

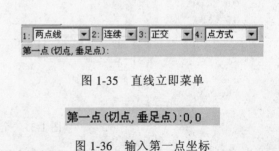

图 1-35 直线立即菜单

第一点(切点,垂足点):0,0

图 1-36 输入第一点坐标

（4）命令提示区提示拾取"第二点"，输入第二点坐标"7，0"，按 Enter 键确认。绘制的直线如图 1-37 所示。

（5）命令提示区仍然提示拾取"第二点"，采用相对坐标方式，输入"@0，–7"，绘制结果如图 1-38 所示。

图 1-37　绘制的第一条直线　　　　　　　图 1-38　完成第二条直线的绘制

（6）采用相对极坐标方式，输入"@10<0"，按 Enter 键确认，得到第三条直线，如图 1-39 所示。

（7）按 Enter 键完成直线的绘制。

（8）接下来将练习点的工具点菜单捕捉方法。选择"绘图"→"直线"命令，在命令提示区提示拾取"第一点"时，按空格键，弹出点工具菜单；选择"端点"命令，将鼠标指针移动到第三条直线上，单击选取该直线，系统自动拾取该直线上方的一个端点。

（9）采用相对坐标方式，依次输入"@0，13"、"@–7，7"和"@–10，0"，依次绘制如图 1-40 所示的三条直线。

图 1-39　完成第三条直线的绘制　　　　　　图 1-40　完成第六条直线的绘制

（10）在图形中任意选取一条直线，按空格键，弹出"拾取元素"菜单，选择"拾取所有"命令，即可选中所有实体。

（11）选择"修改"→"镜像"命令，弹出"镜像"命令的立即菜单；在立即菜单第一项中选择"拾取两点"模式，如图 1-41 所示。

（12）根据提示拾取最左边的两个端点，即可得到如图 1-42 所示的图形。

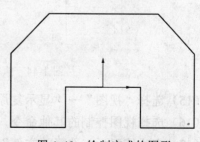

图 1-41　镜像立即菜单　　　　　　　　图 1-42　绘制完成的图形

（13）选择"视图"→"显示全部"命令，得到的界面如图 1-43 所示。

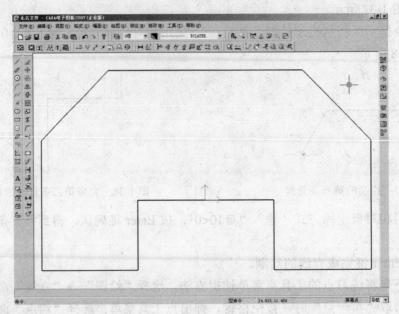

图 1-43　执行"显示全部"命令后的界面

（14）选择"视图"→"显示窗口"命令，移动鼠标拾取第一点和第二点，所选区域中的图形将被放大充满绘图区，如图 1-44 所示。

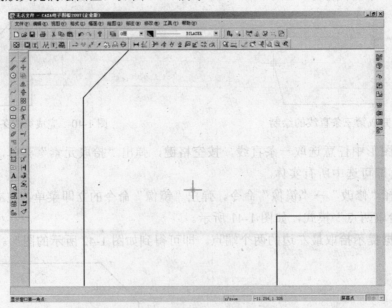

图 1-44　执行"显示窗口"命令后的界面

（15）选择"视图"→"显示复原"命令，得到的界面如图 1-45 所示。

（16）选择视图控制的其他命令，掌握每个命令的使用方法。

（17）完成练习后，选择"文件"→"退出"命令，退出程序。

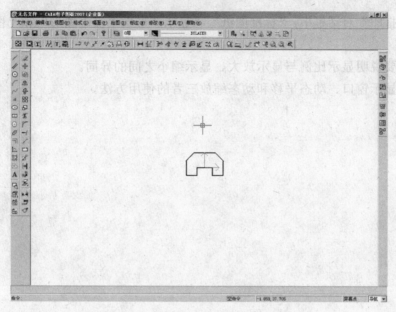

图 1-45　执行 "显示复原" 命令后的界面

1.8　本章小结

　　本章介绍的是 CAXA 电子图板的入门知识。首先对 CAXA 电子图板进行了简要介绍，包括其特点和操作界面。然后介绍了 CAXA 电子图板的一些操作，包括基本操作、基本文件操作和视图控制。基本操作包括命令的执行、常用键的功能、点的输入、选取实体、立即菜单的操作、鼠标右键直接操作功能、对话框的操作，以及如何获得帮助。掌握这些操作是熟练使用 CAXA 电子图板的基础。基本文件操作包括创建新文件、打开文件、存储文件、并入文件、部分存储、绘图输出和文件检索，使用这些功能可以快速地查找所需的文件，还可灵活、方便地对原有文件或屏幕上的绘图信息进行文件管理。视图控制包括重画、重新生成、全部重新生成、显示窗口、显示平移、显示全部、显示复原、显示比例、显示回溯、显示向后、显示放大、显示缩小、动态平移、动态缩放和全屏显示，其中最常用到的是显示窗口、动态平移和动态缩放。

1.9　思考与练习

　　1．CAXA 电子图板有哪些特点？

　　2．熟悉 CAXA 电子图板的用户界面：启动 CAXA 电子图板，指出标题栏、主菜单、工具栏、绘图区和状态栏的位置。

　　3．点的输入有哪几种方式？它们各有什么特点？

　　4．简述 4 种自动捕捉方式的特点和方法。

　　5．部分存储和存储文件有何区别？各适用于什么场合？

6. 在"打印"对话框中，"标准图纸"、"显示图形"、"极限图形"和"图形窗口"各是什么含义？

7. 请简要说明显示比例与显示放大、显示缩小之间的异同。

8. 简述显示窗口、动态平移和动态缩放三者的使用方法。

本章要点

> ➢ 基本曲线的含义
> ➢ 8 种基本曲线的绘制方法
> ➢ 中心线的绘制
> ➢ 样条线的绘制
> ➢ 剖面线的绘制
> ➢ 填充

本章导读

> ➢ 基础内容：了解 CAXA 电子图板中的各种基本图形的主要绘制方式，以及相关的绘制方法。
> ➢ 重点掌握：重点掌握如何利用基本曲线的绘制方法在不同的情况下进行绘图。
> ➢ 一般了解：本章中各种曲线的绘制方式众多，仅需掌握最常用的方式方法，其他内容只要求一般了解。

2.1 绘制直线

直线是图形构成的基本要素，正确、快捷地绘制直线的关键在于点的输入。为了输入点的坐标，CAXA 电子图板允许以绝对坐标、相对坐标或相对极坐标的方式输入，同时可充分利用工具点、智能点、导航点、栅格点等功能，以提高坐标输入的准确度。

CAXA 电子图板提供了两点线、角度线、角等分线、切线/法线和等分线这五种方式，下面逐一进行介绍。

2.1.1 绘制两点线

绘制两点线即在屏幕上按给定的两点画一条直线段或按给定的连续条件画连续的直线段。

绘制两点线，最重要的就是点的拾取。在非正交情况下，第一点和第二点均可为三种类型的点：切点、垂足点、其他点（工具点菜单上列出的点）。根据拾取点的类型可生成切线、垂直线、公垂线、垂直切线以及任意的两点线。在正交情况下，生成的直线平行于当前坐标系的坐标轴，即由第一点定出首访点，由第二点定出与坐标轴平行或垂直的直线段。

绘制两点线的操作步骤如下。

（1）单击"绘制工具"工具栏中的"直线"按钮 ∕，或者直接在命令栏中输入画直线的命令名 line。

（2）单击立即菜单中的"1:"，在立即菜单的上方弹出一个直线类型的选项列表。列表中的每一项都相当于一个转换开关，负责直线类型的切换。直线类型选项列表如图 2-1 所示，从中选择"两点线"。

图 2-1 两点线的立即菜单

（3）单击立即菜单中的"2:"，则该项内容由"连续"变为"单个"，其中"连续"表示每段直线段相互连接，前一段直线段的终点为下一段直线段的起点，而"单个"指每次绘制的直线段相互独立，互不相关。

（4）单击立即菜单中的"3:非正交"，其内容变为"正交"，表示下面要画的直线为正交线段。所谓正交线段是指与坐标轴平行的线段。CAXA 电子图板 2007 新增加了 F8 键可以切换是否正交。

（5）按照立即菜单的条件和提示要求，用鼠标拾取两点，则一条直线被绘制出来。为了准确地作出直线，最好使用键盘输入两个点的坐标或距离。

此命令可以重复进行，右击可终止此命令。

下面通过两个例子来介绍两点线的绘制方法。

例 2-1 画简单的两点线（如图 2-2 所示）。

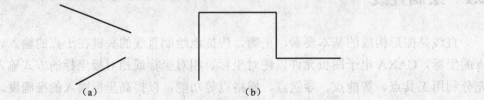

图 2-2 简单两点线
(a) 单个非正交两点线；(b) 连续正文两点线

注意 画连续正交的直线时，指定第一点后，移动鼠标会出现绿色的线段预览，直接单击点、输入坐标值或直接输入距离都可确定第二点。

例 2-2 画圆的公切线。

充分利用工具点菜单，可以绘制多种特殊的直线，这里以利用工具点中的切点绘制出圆和圆弧的切线为例，介绍工具点菜单的使用。

（1）单击"直线"按钮 ∕，或者直接在命令栏中输入画直线的命令名 line。

（2）当系统提示"输入第一点"时，按空格键弹出工具点菜单，单击"切点"选项。

（3）按提示拾取第一个圆，拾取的位置为如图 2-3 所示 1 所指的位置；同理，拾取第二个圆的位置为如图 2-3 所示 2 所指的位置。

作图结果如图 2-4 所示。

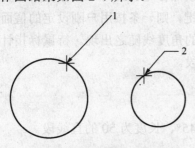 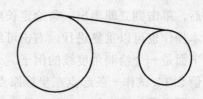

图 2-3 两圆的拾取位置   图 2-4 两圆的公切线

注意 在拾取圆时，拾取位置不同，则切线绘制的位置也不同。如图 2-5 所示，若第二点选在 3 所指位置处，则作出的为两圆的内公切线。

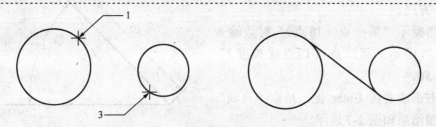

图 2-5 不同拾取位置得到不同的公切线

2.1.2 绘制角度线

绘制角度线即按给定角度、给定长度画一条直线段。

绘制角度线的操作步骤如下。

（1）单击"绘制工具"工具栏中的"直线"按钮，或者直接在命令栏中输入画直线的命令名 line。

（2）单击立即菜单中的"1："，从中选取"角度线"方式。

（3）单击立即菜单中的"2："，弹出如图 2-6 所示的立即菜单，从中可选择夹角类型。如果选择"直线夹角"，则表示画一条与已知直线段夹角为指定度数的直线段，此时操作提示变为"拾取直线"，待拾取一条已知直线段后，再输入第一点和第二点即可。

图 2-6 角度线立即菜单

（4）单击立即菜单中的"3：到点"，则内容由"到点"转变为"到线上"，即指定终点位置是在选定直线上，此时系统不提示输入第二点，而是提示选定所到的直线。

（5）单击立即菜单中的"4：度"，则在操作提示区出现"输入实数"的提示。要求用户在（-360，360）间输入一所需角度值。义本框中的数值为当前立即菜单所选角度的默认值。

（6）按提示要求输入第一点，则屏幕画面上显示该点标记。此时，操作提示改为"输入长度或第二点"。如果输入一个长度数值并按 Enter 键，则一条按用户刚设定的值而确定的直线段被绘制出来。如果是移动鼠标，则一条绿色的角度线随之出现。待鼠标指针位置确定后，单击则立即画出一条给定长度和倾角的直线段。

本操作也可以重复进行，右击可终止本操作。

下面是一个绘制角度线的例子。

例 2-3 试作一条起点在坐标原点，且与 X 轴成 45°、长度为 50 的直线段。

作图步骤如下。

（1）单击"绘制工具"工具栏中的"直线"按钮，或者直接在命令栏中输入画直线的命令名 line。

（2）单击立即菜单中的"1："，从中选取"角度线"方式。

（3）当提示"第一点（切点）"时，输入"0，0"；当提示"第二点（切点或长度）"时，输入 50。

（4）右击或者按 Enter 键，结束"直线"命令。作图结果如图 2-7 所示。

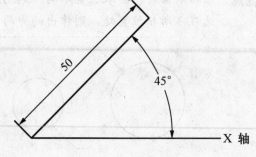

图 2-7　画角度线

2.1.3　绘制角等分线

绘制角等分线即按给定等分份数、给定长度画一条直线段将一个角等分。

绘制角等分线的方法和步骤如下。

（1）单击"绘制工具"工具栏中的"直线"按钮，弹出如图 2-8 所示的立即菜单。

图 2-8　角等分线立即菜单

（2）单击立即菜单中的"1："，从中选取"角等分线"方式；或者直接在命令栏输入绘制角等分线的命令名 lia。

（3）单击立即菜单中的"2：份数"，则在操作信息提示区出现"输入实数"的提示，要求用户输入一所需等分的份数值。文本框中的数值为当前立即菜单所选份数的默认值。

（4）单击立即菜单中的"3：长度"，则在操作信息提示区出现"输入实数"的提示，要求用户输入等分线长度值。文本框中的数值为当前立即菜单所选长度的默认值。

下面是一个绘制角等分线的例子。

例 2-4　图 2-9 是将一个 60°角进行 4 等分、角等分线长度为 50 的情况。

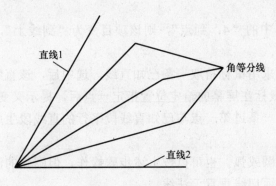

图 2-9　画角等分线

作图步骤如下。

（1）单击"绘制工具"工具栏中的"直线"按钮，在立即菜单中选择"角等分线"方式，或者直接在命令栏输入角等分线的命令名 lia。

（2）在立即菜单中的"2：份数"中输入 4，在"3：长度"中输入 50。

（3）当提示"拾取第一条直线"时，拾取"直线 1"；当提示"拾取第二条直线"时，拾取"直线 2"。

（4）右击或按 Enter 键，结束"直线"命令。

2.1.4　绘制切线/法线

绘制切线/法线即过给定点作已知曲线的切线或法线。

绘制切线/法线的操作步骤如下。

（1）单击"绘制工具"工具栏中的"直线"按钮。

（2）单击立即菜单中的"1："，从中选取"切线/法线"方式；或者直接在命令栏中输入绘制切线/法线的命令名 ltn。

（3）单击立即菜单中的"2：切线"，则该项内容变为"法线"。按改变后的立即菜单进行操作，将画出一条与已知直线相垂直的直线。

（4）单击立即菜单中的"3：非对称"，指选择的第一点为所要绘制的直线的一个端点，选择的第二点为另一端点。若选择该项，则该项内容切换为"对称"，这时选择的第一点为所要绘制直线的中点，第二点为直线的一个端点。如图 2-10 所示为对称与非对称方式的切线。

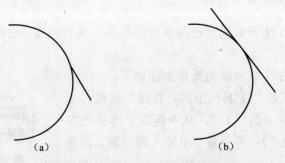

图 2-10　对称与非对称方式的切线
（a）非对称方式；（b）对称方式

（5）单击立即菜单中的"4：到点"，则该项目变为"到线上"，表示画一条到已知线段为止的切线或法线。

（6）按当前提示要求用鼠标拾取一条已知直线，选中后，该直线呈红色显示，操作提示变为"第一点"；用鼠标在屏幕的给定位置指定一点后，提示又变为"第二点或长度"，此时，再移动鼠标时，一条过第一点与已知直线段平行的直线段生成，其长度可由鼠标或键盘输入数值决定。

（7）如果拾取的是圆或弧，也可以按上述步骤操作，但圆弧的法线必在所选第一点与圆心所决定的直线上，而切线垂直于法线。

下面通过两个例子来说明法线/切线的绘制，以及法线和切线的区别。

例 2-5 图 2-11 所示为已知直线的法线，其中左图为对称、到线，右图为非对称、到点。

图 2-11 已知直线的法线

例 2-6 图 2-12 所示为已知圆弧的法线和切线，其中左图为法线，右图为切线。

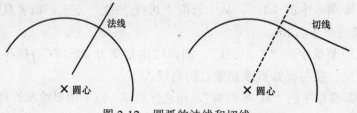

图 2-12 圆弧的法线和切线

2.1.5 绘制两条直线段的 N 等分线

绘制两条直线段的 N 等分线即在两条线间生成一系列的线，这些线将两条线之间的部分等分成 N 份。

绘制两条直线段的 N 等分线的操作步骤如下。

（1）单击"绘制工具"工具栏中的"直线"按钮。

（2）单击立即菜单中的"1："，从中选取"等分线"方式；在立即菜单中的"2：等分量"中输入等分量，如图 2-13 所示。

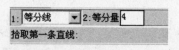

图 2-13 等分线立即菜单

（3）根据系统提示拾取两条直线，即可在两条拾取线之间生成一系列的线。

注意 对于两条不平行的线，符合下列条件时也可等分。

（1）不相交，并且其中任意一条线的任意方向的延长线不与另一条线本身相交。

（2）若一条线的某个端点与另一条线的端点重合，且两直线夹角不等于180°。

2.2 绘制平行线

绘制平行线即绘制同已知线段平行的线段。

绘制平行线的操作步骤如下。

（1）单击"绘制工具"工具栏中的"平行线"按钮 ∥，或者直接在命令栏输入绘制平行线的命令名 ll。

（2）单击立即菜单中的"1:"，可以选择"偏移"方式或"两点"方式。

（3）若选择"偏移"方式，单击立即菜单中的"2:单向"，其内容由"单向"变为"双向"，在双向条件下可以画出与已知线段平行、长度相等的双向平行线段。当在单向模式下输入距离时，系统首先根据十字光标在所选线段的那一侧来判断绘制线段的位置。

（4）若选择"两点"方式，可以单击立即菜单中的"2:"来选择"点方式"或"距离方式"，然后根据系统提示即可绘制相应的线段。

（5）按照以上描述，选择"偏移方式"用鼠标拾取一条已知线段；拾取后，该提示改为"输入距离或点"，移动鼠标可拖动出一条与已知线段平行、并且长度相等的线段；待位置确定后，单击，一条平行线段即被画出。也可输入一个距离数值，两种方法的效果相同。

例如，图 2-14 所示为根据上述操作步骤画出的平行线段，其中左图为单向平行线段，右图为双向平行线段。

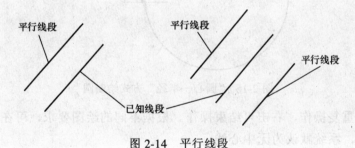

图 2-14 平行线段

2.3 绘制圆

在 CAXA 电子图板中，绘制圆的方法有"圆心—半径"、"两点"、"三点"和"两点—半径"4 种。选择"圆"命令有三种途径。

（1）选择"绘图"→"圆"命令。

（2）在工具栏中单击"圆"按钮 ⊙。

（3）直接在命令栏输入绘制圆的命令名 circle。

当选择"圆"命令后，出现如图 2-15 所示的立即菜单。

图 2-15 绘制圆的立即菜单

下面介绍圆的 4 种绘制方法。

2.3.1 "圆心—半径"方式

"圆心—半径"方式指给定圆心和半径或圆上一点绘制圆。

如图 2-16 所示为采用"圆心—半径"方式画圆，具体操作步骤如下。

（1）在绘制圆的立即菜单中的"1："中选择"圆心—半径"方式，或者直接在命令栏输入以"圆心—半径"方式绘制圆的命令名 ccr。

（2）按提示输入圆心，提示变为"输入半径或圆上一点"。此时，可以直接由键盘输入所需半径数值，并按 Enter 键；也可以移动鼠标指针，确定圆上的一点，单击。

（3）若单击立即菜单中的"2："，则显示内容由"半径"变为"直径"，则输入圆心以后，系统提示变为"输入直径或圆上一点"，用户输入的数值为圆的直径。

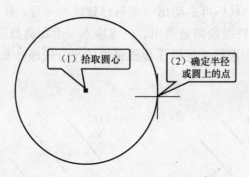

图 2-16 "圆心—半径"方式绘制圆

此命令可以重复操作，右击可结束操作。根据不同的绘图要求，可在立即菜单中选择是否出现中心线，系统默认为无中心线。

2.3.2 "两点"方式

"两点"方式指通过两个已知点画圆，这两个已知点之间的距离为直径。

如图 2-17 所示为采用"两点"方式画圆，具体操作步骤如下。

（1）在绘制圆的立即菜单中的"1："中选择"两点"方式，或者直接在命令栏输入以"两点"方式绘制圆的命令名 cpp。

（2）按提示要求输入第一点和第二点后，一个完整的圆被绘制出来。

此命令可以重复操作，右击可结束操作。

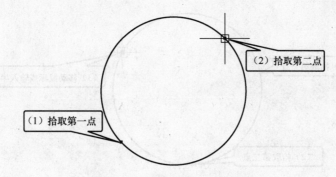

图 2-17 "两点"方式绘制圆

2.3.3 "三点"方式

"三点"方式指通过已知的三点画圆。

如图 2-18 所示为采用"三点"方式画圆，具体操作步骤如下。

（1）在绘制圆的立即菜单中的"1："中选择"三点"方式，或者直接在命令栏输入以"三点"方式绘制圆的命令名 cppp。

（2）按提示要求输入第一点、第二点和第三点后，一个完整的圆被绘制出来。

注意 在输入点时可充分利用智能点、栅格点、导航点和工具点。

此命令可以重复操作，右击可结束操作。

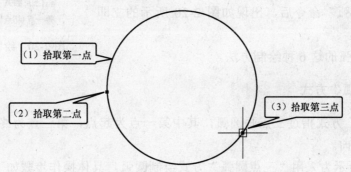

图 2-18 "三点"方式绘制圆

2.3.4 "两点—半径"方式

"两点—半径"方式是指通过两个已知的点并且给定半径画圆。

如图 2-19 所示为采用"两点—半径"方式画圆，具体操作步骤如下。

（1）在绘制圆的立即菜单中的"1："中选择"两点—半径"方式，或者直接在命令栏输入以"两点—半径"方式绘制圆的命令名 cppr。

（2）按提示要求输入第一点、第二点后，用鼠标或键盘输入第三点或由键盘输入一个半径值，一个完整的圆被绘制出来。

此命令可以重复操作，右击可结束操作。

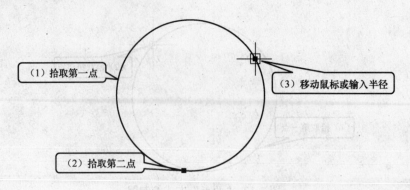

图 2-19 "两点—半径"方式绘制圆

2.4 绘制圆弧

在 CAXA 电子图板中,绘制圆弧的方法有"三点圆弧"、"圆心—起点—圆心角"、"两点—半径"、"圆心—半径—起终角"、"起点—终点—圆心角"和"起点—半径—起终角"6 种。

选择"圆弧"命令有三种途径。

(1)选择"绘图"→"圆弧"命令。

(2)在工具栏中单击"圆弧"按钮 。

(3)直接在命令栏输入绘制圆弧的命令名 arc。

当选择"圆弧"命令后,出现如图 2-20 所示的立即菜单。

下面介绍圆弧的这 6 种绘制方法。

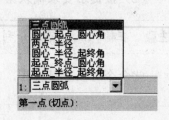

图 2-20 绘制圆弧的立即菜单

2.4.1 "三点圆弧"方式

"三点圆弧"方式指过三点画圆弧,其中第一点为起点,第三点为终点,第二点决定圆弧的位置和方向。

如图 2-21 所示为采用"三点圆弧"方式绘制圆弧,具体操作步骤如下。

(1)在绘制圆弧的立即菜单中的"1:"中选择"三点圆弧"方式,或者直接在命令栏输入以"三点圆弧"方式绘制圆弧的命令名 appr。

(2)按提示要求指定第一点和第二点,与此同时,一条过上述两点及过光标所在位置的三点圆弧已经被显示在画面上;移动鼠标,正确选择第三点位置,单击,则一条圆弧被绘制出来。

注意 在选择这三个点时,可灵活运用工具点、智能点、导航点、栅格点等功能。还可以直接用键盘输入点坐标。

此命令可以重复进行,右击可中止此命令。

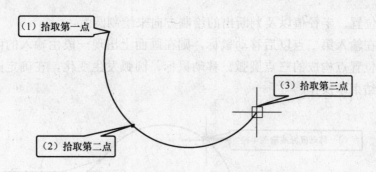

图 2-21 "三点圆弧"方式绘制圆弧

2.4.2 "圆心—起点—圆心角"方式

"圆心—起点—圆心角"方式指已知圆心、起点及圆心角或终点画圆弧。

如图 2-22 所示为采用"圆心—起点—圆心角"方式绘制圆弧，具体操作步骤如下。

（1）在绘制圆弧的立即菜单中的"1："中选择"圆心—起点—圆心角"方式，或者直接在命令栏输入以"圆心—起点—圆心角"方式绘制圆弧的命令名 acsa。

（2）按提示要求输入圆心和圆弧起点，提示变为"圆心角或终点（切点）"，输入一个圆心角数值或输入终点，则圆弧被画出，也可以用鼠标拖动进行选取。

此命令可以重复进行，右击可终止此命令。

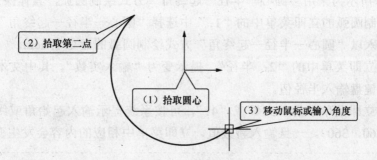

图 2-22 "圆心—起点—圆心角"方式绘制圆弧

2.4.3 "两点—半径"方式

"两点—半径"方式指已知两点及圆弧半径画圆弧。

如图 2-23 所示为采用"两点—半径"方式绘制圆弧，具体操作步骤如下。

（1）在绘制圆弧的立即菜单中的"1："中选择"两点—半径"方式，或者直接在命令栏输入以"两点—半径"方式绘制圆弧的命令名 appr。

（2）按提示要求输入第一点和第二点后，系统提示变为"第三点或半径"，此时：

➢ 如果输入一个半径值，则系统首先根据十字光标当前的位置判断绘制圆弧的方向，判定规则是，十字光标当前位置处在第一、二两点所在直线的哪一侧，则圆弧就绘制在哪一侧。由于光标位置不同，可绘制出不同方向的圆弧。然后系统根据两点的位置、半径值以及判断出的绘制方向来绘制圆弧。

➤ 如果在输入第二点以后移动鼠标，则在画面上出现一段由输入的两点及鼠标指针所在位置点构成的三点圆弧。移动鼠标，圆弧发生变化，在确定圆弧大小后，单击，结束本操作。

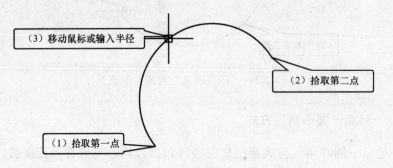

（3）移动鼠标或输入半径

（2）拾取第二点

（1）拾取第一点

图 2-23 "两点—半径"方式绘制圆弧

此命令可以重复进行，右击可结束操作。

2.4.4 "圆心—半径—起终角"方式

"圆心—半径—起终角"方式指由圆心、半径和起终角画圆弧。

如图 2-24 所示为采用"圆心—半径—起终角"方式绘制圆弧，具体操作步骤如下。

（1）在绘制圆弧的立即菜单中的"1："中选择"圆心—半径—起终角"方式，或者直接在命令栏输入以"圆心—半径—起终角"方式绘制圆弧的命令名 acra。

（2）单击立即菜单中的"2：半径"，提示变为"输入实数"。其中文本框内数值为默认值，可通过键盘输入半径值。

（3）单击立即菜单中的"3："或"4："，可按系统提示输入起始角或终止角的数值，其范围为（-360，360）。一旦输入新数值，立即菜单中相应的内容会发生变化。

注意　起始角和终止角均是从 X 正半轴开始，逆时针旋转为正，顺时针旋转为负。

（4）立即菜单表明了待画圆弧的条件。按提示要求输入圆心点，此时用户会发现，一段圆弧随鼠标的移动而移动。圆弧的半径、起始角、终止角均为用户刚设定的值，待选好圆心点位置后，单击，则该圆弧被显示在画面上。

此命令可以重复进行，右击可终止操作。

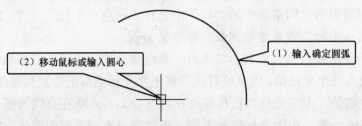

（2）移动鼠标或输入圆心

（1）输入确定圆弧

图 2-24 "圆心—半径—起终角"方式绘制圆弧

2.4.5 "起点—终点—圆心角"方式

"起点—终点—圆心角"方式指已知起点、终点、圆心角画圆弧。

如图 2-25 所示为采用"起点—终点—圆心角"方式绘制圆弧，具体操作步骤如下。

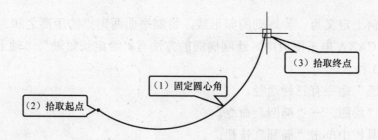

图 2-25 "起点—终点—圆心角"方式绘制圆弧

（1）在绘制圆弧的立即菜单中的"1："中选择"起点—终点—圆心角"方式，或者直接在命令栏输入以"起点—终点—圆心角"方式绘制圆弧的命令名 asea。

（2）单击立即菜单中的"2：圆心角"，根据系统提示输入圆心角的数值，范围是（−360，360），数值输入后按 Enter 键确认。

注意 负角表示从起点到终点按顺时针方向作圆弧，而正角是从起点到终点逆时针作圆弧。

（3）按系统提示输入起点和终点。

此命令可以重复进行，右击可结束操作。

2.4.6 "起点—半径—起终角"方式

"起点—半径—起终角"方式指由起点、半径和起终角画圆弧。

如图 2-26 所示为采用"起点—半径—起终角"方式绘制圆弧，具体操作步骤如下。

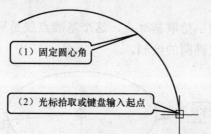

图 2-26 "起点—半径—起终角"方式绘制圆弧

（1）在绘制圆弧的立即菜单中的"1："中选择"起点—半径—起终角"方式，或者直接在命令栏输入以"起点—半径—起终角"方式绘制圆弧的命令名 asra。

（2）单击立即菜单中的"2："，可以按照提示输入半径值。

（3）单击立即菜单中的"3："或"4："，按照系统提示，根据作图的需要分别输入起始角或终止角的数值。输入后，立即菜单中的条件也将发生变化。

此命令可以重复进行，右击可结束操作。

2.5 绘制椭圆

椭圆在几何上定义为一种规则的卵形线，特制平面两定点的距离之和为一常数的所有点的轨迹。在 CAXA 电子图板中，绘制椭圆的方法有"给定长短轴"、"轴上两点"和"中心点—起点" 3 种。

选择"椭圆"命令有三种途径。

（1）选择"绘图"→"椭圆"命令。

（2）在工具栏中单击"椭圆"按钮 ⊙。

（3）直接在命令栏输入绘制椭圆的命令名 ellipse。

当选择"椭圆"命令后，出现如图 2-27 所示的立即菜单。

图 2-27　绘制椭圆的立即菜单

下面介绍这 3 种椭圆的绘制方式。

2.5.1 "给定长短轴"方式

"给定长短轴"方式指按给定长、短轴半径画一个任意方向的椭圆。

如图 2-28 所示为采用"给定长短轴"方式绘制椭圆，具体操作步骤如下。

（1）在绘制椭圆的立即菜单中的"1："中选择"给定长短轴"方式。

（2）在立即菜单中的"2：长半轴"、"3：短半轴"、"4：旋转角"、"5：起始角"和"6：终止角"文本框中输入数值。

（3）操作信息提示区提示拾取基准点，这个基准点就是椭圆的中心点，移动鼠标拾取或通过键盘输入点即可完成椭圆的绘制。

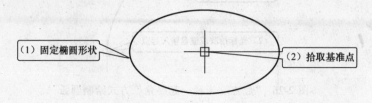

图 2-28　"给定长短轴"方式绘制椭圆

2.5.2 "轴上两点"方式

"轴上两点"方式指已知椭圆一个轴的两端点和另一个轴的长度画椭圆。

如图 2-29 所示为采用"轴上两点"方式绘制椭圆，具体操作步骤如下。

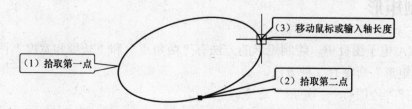

图 2-29 "轴上两点"方式绘制椭圆

（1）在绘制椭圆的立即菜单中的"1:"中选择"轴上两点"方式。

（2）系统会分别提示拾取"轴上第一点"和"轴上第二点"，用鼠标拾取或者通过键盘输入椭圆轴的两个端点，屏幕上会生成一个一轴固定而另一轴随鼠标移动而改变的动态椭圆。

（3）系统提示"另一轴的长度"，用鼠标拖动椭圆的未定轴到合适的长度单击，也可用键盘输入未定轴的半轴长度。

2.5.3 "中心点—起点"方式

"中心点—起点"方式指已知椭圆的中心点、轴端一点和另一轴的长度画椭圆。

如图 2-30 所示为采用"中心点—起点"方式画椭圆，具体操作步骤如下。

（1）在绘制椭圆的立即菜单中的"1:"中选择"中心点—起点"方式。

（2）与"轴上两点"类似，按系统提示输入椭圆的中心点和一个轴的端点，屏幕上会生成一个一轴固定而另一轴随鼠标移动而改变的动态椭圆。

（3）根据操作信息提示区的提示移动鼠标拖动椭圆的未定轴到合适的长度单击，也可以用键盘输入未定轴的半轴长度。

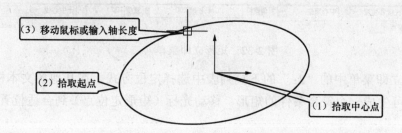

图 2-30 "中心点—起点"方式绘制椭圆

2.5.4 3 种方法的比较

比较绘制椭圆的 3 种方法可知，"给定长短轴"方式是一种通过参数输入来绘制的方法；"轴上两点"方式和"中心点—起点"方式相同，是通过拾取特征点来绘制的方法，两者仅是选择的特征点不一样。三种方法中，后两者相对绘制更随意快捷一些，但是绘制得不够精确。

2.6 绘制矩形

在 CAXA 电子图板中，绘制矩形的方法有"两角点"和"长度和宽度"两种。

选择"矩形"命令有 3 种方法。

（1）选择"绘图"→"矩形"命令。

（2）在工具栏中单击"矩形"按钮 □ 。

（3）直接在命令栏输入绘制矩形的命令名 rect。

下面介绍矩形的两种绘制方法。

2.6.1 "两角点"方式

"两角点"方式指通过已知两点绘制矩形。

这种绘制方式的操作步骤如下。

（1）在绘制矩形的立即菜单中的"1："中选择"两角点"方式，如图 2-31 所示。

（2）按提示输入两个角点即可完成矩形的绘制。

系统允许用户在绘制矩形时选择是否有中心线。系统默

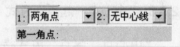

认无中心线，如果选取"有中心线"，在立即菜单中的"3：

中心线延长长度"文本框中输入延长值即可。

图 2-31　矩形立即菜单（一）

2.6.2 "长度和宽度"方式

"长度和宽度"方式指已知矩形长度和宽度拾取定位点绘制矩形。

这种绘制方式的操作步骤如下。

（1）在绘制矩形的立即菜单中的"1："中选择"长度和宽度"方式，如图 2-32 所示。

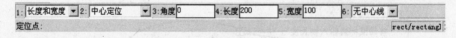

图 2-32　矩形立即菜单（二）

（2）在立即菜单中的"2："的下拉列表中选择定位方式，在其他各文本框中按要求输入各值。即可生成一个符合条件的矩形；移动光标（矩形定位点）到合适位置，单击即可。

注意　矩形有 3 种定位方式，分别为中心定位、顶边中点定位和左上角点定位。

2.7 绘制正多边形

正多边形是各边均相等的封闭多边形。在 CAXA 电子图板中，绘制正多边形的方法有"中心定位"和"底边定位"两种。

选择"正多边形"命令有 3 种方法。

（1）选择"绘图"→"正多边形"命令。

（2）在工具栏中单击"正多边形"按钮 ⊙。

（3）直接在命令栏输入绘制正多边形的命令名 polygon。

下面介绍正多边形的两种绘制方法。

2.7.1 "中心定位"方式

"中心定位"方式指以正多边形中心来定位，以正多边形的内接或外切圆上的点来绘制正多边形。

这种绘制方式的操作步骤如下。

（1）在立即菜单中的"2："下拉列表框中选择生成方式为"给定半径"或"给定边长"，也可以用组合键 Alt+2 选择。

（2）如果选择"给定半径"，在"3："下拉列表框中选择"外切"或者"内接"方式，这两种方式的说明如图 2-33 所示，然后在后面的文本框中输入边数和旋转角度即可绘制相应的正多边形。

（3）如果选择"给定边长"，直接在后面的文本框中输入边数和旋转角度即可绘制相应的正多边形。

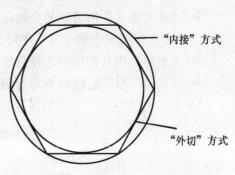

图 2-33 "外切"方式与"内接"方式

2.7.2 "底边定位"方式

"底边定位"方式指以底边定位生成正多边形。与"中心定位"不同的是，以正多边形的底边生成正多边形仅需给出边长和旋转角度即可，正多边形的大小和位置可以根据底边的长短来定。

这种绘制方式的操作步骤如下。

（1）在立即菜单中的"2：边数"文本框中输入正多边形的边数，然后在"3：旋转角"文本框中输入正多边形的旋转角度。

（2）根据提示栏的提示，用鼠标拾取"第一点"，这时，屏幕上会生成一段底边一点固定、边数固定和角度固定的动态正多边形。

（3）提示栏提示拾取"第二点或边长"，用鼠标拖动正多边形的终止点到合适的位置单击即可。

2.8 绘制等距线

绘制等距线即绘制给定曲线的等距线。

绘制等距线的操作步骤如下。

（1）单击"绘制工具"工具栏中的"等距线"按钮 ⊓，或者直接在命令栏输入绘制等距线的命令名 offset。

（2）在弹出的立即菜单中可选择"单个拾取"或者"链拾取"。

➢ "单个拾取"方式指只选中一个元素。

➢ "链拾取"方式则是与该元素首尾相连的元素
也一起被选中，如图 2-34 所示。

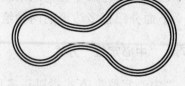

（3）在立即菜单中的"2:"中可选择"指定距离"
或者"过点方式"。

图 2-34 "链拾取"方式

➢ "指定距离"方式指选择箭头方向确定等距方
向，给定距离的数值来生成给定曲线的等距线。

➢ "过点方式"指通过某个给定的点生成给定曲线的等距线。

（4）在立即菜单中的"3:"中可选择"单向"或"双向"。

➢ "单向"指只在用户选择直线的一侧绘制等距线。

➢ "双向"指在直线两侧均绘制等距线。

"单向"与"双向"方式的区别如图 2-35 所示。

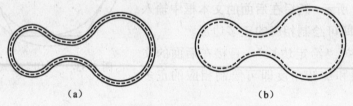

（a） （b）

图 2-35 "单向"与"双向"方式的区别

（a）双向；（b）单向

（5）在立即菜单中的"4:"中可选择"空心"或"实心"。

➢ "实心"指原曲线与等距线之间进行填充。

➢ "空心"方式只画等距线，不进行填充。

（6）按要求在立即菜单的各个选项中作出相应的选择，即可绘制出符合要求的等距线。
此命令可以重复操作，右击可结束操作。

注意 CAXA 电子图板具有链拾取功能，它能把首尾相连的图形元素作为一个整体进行等
距，这将大大加快作图过程中某些薄壁零件剖面的绘制。

2.9 绘制点

在 CAXA 电子图板中，点命令用来生成孤立点实体，该点既可作为点实体绘图输出，
也可以用于绘图中的定位捕捉。

绘制点即在屏幕指定位置画一个孤立点，或在曲线上画等分点。

绘制点的操作步骤如下。

（1）单击"绘制工具"工具栏中的"点"按钮 ，或者直接在命令栏输入绘制点的命
令名 point。

（2）单击立即菜单中的"1："，可选择"孤立点"、"等分点"或者"等弧长点"方式，如图 2-36 所示。

（3）若选择"孤立点"，则可用鼠标拾取或用键盘直接输入点，利用工具点菜单，可画出端点、中点、圆心点等特征点。

（4）若选择"等分点"，出现的立即菜单如图 2-37 所示；首先单击立即菜单中的"2：等分数"，输入等分份数；然后拾取要等分的曲线，可绘制出曲线的等分点，如图 2-38 所示为一些曲线上的等分点。

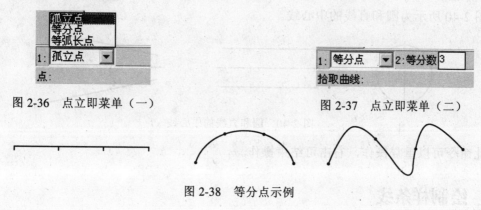

图 2-36　点立即菜单（一）　　　　　　　　图 2-37　点立即菜单（二）

图 2-38　等分点示例

注意　"等分点"方式一共可以绘制"等分数+1"个点，而且这里只是作出等分点，不会将曲线打断。

（5）若选择"等弧长点"，则将圆弧按指定的弧长划分。单击立即菜单 2，可以切换"指定弧长"方式和"两点确定弧长"方式。如果立即菜单 2 为"指定弧长"方式，则在其"3：等分数"中输入等分份数，在"4：弧长"中指定每段弧的长度，然后拾取要等分的曲线，接着拾取起始点，选取等分的方向，则可绘制出曲线的等弧长点。如果立即菜单 2 为"两点确定弧长"方式，则在"3：等分数"中输入等分份数，然后拾取要等分的曲线，拾取起始点，选取等弧长点（弧长），则可绘制出曲线的等弧长点。

2.10　绘制中心线

绘制中心线有两种情况：如果拾取一个圆、圆弧或椭圆，则直接生成一对相互正交的中心线；如果拾取两条相互平行或非平行线（如锥体），则生成这两条直线的中心线。

绘制中心线的操作步骤如下。

（1）单击"绘制工具"工具栏中的"中心线"按钮 ⌀ ，或者直接在命令栏输入绘制中心线的命令名 centerl。

（2）出现如图 2-39 所示的立即菜单，单击立即菜单中的"1：延伸长度"，则操作提示变为"输入实数"，文本框中的数字表示当前延伸长度的默认值，可通过键盘

图 2-39　中心线立即菜单

重新输入延伸长度。

  ☞ 延伸长度指超过轮廓线的长度。

（3）按提示要求拾取第一条曲线。

➢ 若拾取的是一个圆或一段圆弧，则拾取后，在被拾取的圆或圆弧上画出一对互相垂直且超出其轮廓线一定长度的中心线。

➢ 若拾取的是一条直线，当拾取后，在被拾取的两条直线之间画出一条中心线。

图 2-40 所示为圆和直线的中心线。

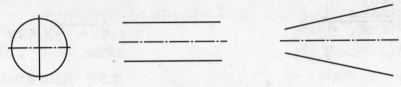

图 2-40　圆和直线的中心线

此命令可以重复操作，右击可结束操作。

2.11　绘制样条线

绘制样条线指给定一系列顶点按插值方式生成样条曲线。在 CAXA 电子图板中，绘制样条线的方法有"直接作图"和"从文件读入"两种方式。

选择"样条线"命令有 3 种方法。

（1）选择"绘图"→"样条线"命令。

（2）在工具栏中单击"样条线"按钮 ～ 。

（3）直接在命令栏输入绘制样条线的命令名 spline。

下面介绍样条线的两种绘制方法。

2.11.1　"直接作图"方式

"直接作图"方式指通过鼠标拾取或者键盘输入点来生成样条曲线。

这种绘制方式的操作步骤如下。

（1）如图 2-41 所示，在立即菜单完成方式选择后，根据操作信息提示区的提示移动鼠标拾取或者依次输入各个插值点，右击可结束输入。

图 2-41　样条线立即菜单

（2）如果选择了"缺省切矢"，那么系统自动确定端点切矢；如果选择了"给定切矢"，那么右击结束输入插值点后，用鼠标或键盘输入一点，该点与端点形成的矢量作为给定的端点切矢。在"给定切矢"方式下，也可以右击忽略。

（3）完成切矢给定后，如果是"开曲线"方式，系统直接生成样条曲线；如果是"闭曲线"方式，系统根据起点、端点和其他数据点的位置连接起点和端点形成闭曲线。

2.11.2 "从文件读入"方式

"从文件读入"方式指从文本文件中读入样条插值点的数据并生成样条。

这种绘制方式的操作步骤如下。

（1）在样条线立即菜单中选择"从文件读入"方式，弹出如图 2-42 所示的对话框。

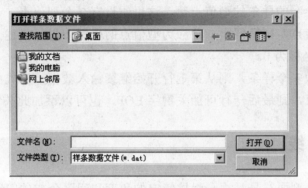

图 2-42 "打开样条数据文件"对话框

（2）选择相应的文本文件打开即可。

注意 可以根据 .dat 文件中的关键字生成开曲线或闭曲线，关键字 OPEN 表示开，CLOSED 表示闭合。没有 OPEN 或 CLOSED 默认为 OPEN。操作时可从样条功能函数处读入 .dat 文件，也可从打开文件处读入 .dat 文件。

例如，某 .dat 文件内容如下：

```
SPLINE
3
0,0,0
50,50,0
100,0,0
SPLINE
CLOSED
3
0,0,0
50,50,0
100,30,0
SPLINE
OPEN
4
0,0,0
30,20,0
100,100,0
```

```
30,36,0
EOF
```

则生成的第一根样条默认为 OPEN（开），第二根为 CLOSED（闭），第三根为 OPEN（开）。

直角坐标系中样条.dat 文件的格式说明（参考上面例子中的.dat 文件）如下：

第一行应为关键字 SPLINE。

第二行应为关键字 OPEN 或 CLOSED，若不写此关键字则默认为 OPEN。

第三行应为所绘制的样条的型值点数，这里假设有 3 个型值点。

如果有 3 个型值点，则第四至六行应为型值点的坐标，每行描述一个点，用三个坐标 X、Y、Z 表示，Z 坐标为 0。

如果文件中要做多个样条，则从第七行开始继续输入数据，格式如前所述。

若文件到此结束，则最后一行可加关键字 EOF，也可以不加此关键字。

2.12　绘制剖面线

在机械制图中，剖面符号是由一组按特定的角度和间隔分布的等距的平行细实线组成的，故一般又称为剖面线。剖面线总是绘制在一个封闭的剖面域边界中，因此首先必须确定剖面域边界。剖面域边界只能由直线、圆弧、圆、椭圆和样条线等组成。

CAXA 电子图板中提供了多种预先定义好的常用剖面线图案，以不同的适用类型进行了分类。可以选择不同的图案进行剖面线绘制。

在 CAXA 电子图板中，系统提供了两种绘制剖面线的方法："拾取点"和"拾取边界"。

选择"剖面线"命令有 3 种方法。

（1）选择"绘图"→"剖面线"命令。

（2）在工具栏中单击"剖面线"按钮 ▨。

（3）直接在命令栏输入绘制剖面线的命令名 hatch。

下面介绍剖面线的两种绘制方法。

2.12.1　"拾取点"方式

"拾取点"方式指根据拾取点的位置，从右向左搜索最小内环，根据环生成剖面线。如果拾取点在环外，则操作无效。

这种绘制方式的操作步骤如下。

（1）在立即菜单中的"1："中选择"拾取点"方式。

（2）单击立即菜单中的"2：间距"或"3：角度"，仿照前面的输入方法重新输入相应的值。

（3）用鼠标左键拾取封闭环内的一点，系统搜索到的封闭环上的各条曲线变为红色，然后右击确认，这时，一组按立即菜单上用户定义的剖面线立刻在环内画出。

注意　此方法操作简单、方便、迅速，适用于各式各样的封闭区域。需要注意的是，当拾取完点以后，系统首先从拾取点开始，从右向左搜索最小封闭环。如图 2-43 所示，矩形为一个封闭环，而其内部又有一个圆，圆也是一个封闭环。若用户拾取点设在 a 点，则从 a 点向左搜索到的最小封闭环是矩形，a 点在环内，可以作出剖面线；若拾取点设在 b 点，则从 b 点向左搜索到的最小封闭环为圆，b 点在环外，不能作出剖面线。

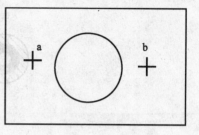

图 2-43　拾取不同点

2.12.2　"拾取边界"方式

"拾取边界"方式指根据拾取到的曲线搜索环生成剖面线。如果拾取到的曲线不能生成互不相交的封闭环，则操作无效。

这种绘制方式的操作步骤如下。

（1）在立即菜单中的"1："中选择 "拾取边界"方式。

（2）单击立即菜单中的"2：间距 "或"3：角度"，重新输入相应的值。

（3）移动鼠标拾取构成封闭环的若干条曲线，如果所拾取的曲线能够生成互不相交（重合）的封闭的环，则右击确认后，一组剖面线立即被显示出来，否则操作无效。

例如，图 2-44 中（a）所示封闭环被拾取后可以画出剖面线，而（b）图则由于不能生成互不相交的封闭的环，系统认为操作无效，不能画出剖面线。

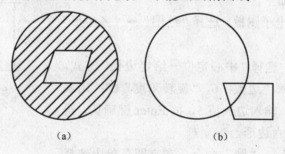

（a）　　　　　　　　（b）

图 2-44　拾取的边界

注意　在拾取边界曲线不能够生成互不相交的封闭的环的情况下，应改用拾取点的方式，在指定区域内生成剖面线。

2.13　填充

填充是指将一块封闭的区域用一种颜色填满。填充实际是一种图形类型，其填充方式类似剖面线的填充，对于某些制件剖面需要涂黑时可用此功能。但填充与剖面线是不同的，填充仅是一块完整的颜色块，不可以打散，而剖面线是用图像进行填充，属于块，可以打散。如图 2-45 所示分别用"填充"和"剖面线"完成图形。

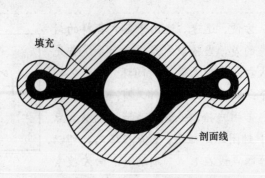

图 2-45 "填充"和"剖面线"示例

进行填充的操作很简单，只需要单击"绘制工具"工具栏中的"填充"按钮 📷 ，或者直接在命令栏输入填充的命令名 solid。用鼠标左键拾取要填充的封闭区域内任意一点，即可完成填充操作。

注意 若要填充汉字，应首先将汉字进行"块打散"操作，然后再进行填充。

2.14 操作实例

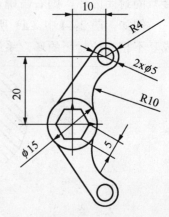

本章的操作实例主要是熟悉 CAXA 电子图板的基本曲线的绘制。下面绘制如图 2-46 所示的图形。

具体的操作步骤如下。

（1）启动 CAXA 电子图板，选择"绘图"→"多边形"命令。

（2）在立即菜单中选择"中心定位—给定边长"方式，在相应的文本框中输入"边数"6，"旋转角度"0°；用鼠标拾取原点为中心点，输入边长值 5，按 Enter 键确认，得到如图 2-47 所示的正六边形。

（3）选择"绘图"→"圆"命令，在立即菜单中选择"圆心—半径—直径"方式；根据系统提示，用鼠标拾取原点为圆心，输入直径值 15，按 Enter 键确认，得到如图 2-48 所示的图形。

图 2-46 例图

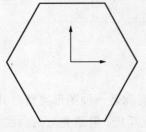

图 2-47 绘制正六边形

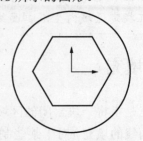

图 2-48 绘制圆

（4）按 Enter 键重复选择"圆"命令，根据提示拾取圆心，输入坐标"10，20"，按

Enter 键确认；输入直径值 5，此时，系统继续提示输入"直径或圆上一点"，输入直径值 8，按 Enter 键确认，得到如图 2-49 所示的图形。

（5）选择"绘图"→"直线"命令，在立即菜单中选择"两点线—单个—非正交"方式，系统提示拾取第一点；按空格键，出现工具点菜单；选择"切点"，单击直径为 8 的圆，系统提示拾取第二点；按空格键，出现工具点菜单；选择"切点"，单击直径为 15 的圆，绘制如图 2-50 所示的公切线。

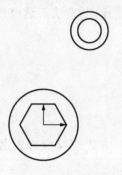

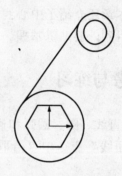

图 2-49　完成圆的绘制　　　　　　　　图 2-50　绘制公切线

（6）选择"绘图"→"圆弧"命令，在立即菜单中选择"两点—半径"方式，系统提示拾取第一点；按空格键，出现工具点菜单；选择"切点"，单击直径为 8 的圆，系统提示拾取第二点；按空格键，出现工具点菜单；选择"切点"，单击直径为 15 的圆，此时，系统提示输入圆弧上的点或半径，输入半径值 8，按 Enter 键确认，绘制如图 2-51 所示的圆弧。

（7）选择"绘图"→"中心线"命令，按系统提示拾取直径为 15 的圆，绘制出该圆的中心线。

（8）选择"修改"→"镜像"命令，在立即菜单中选择"拾取两点—拷贝—非正交"的方式，按系统提示拾取公切线、圆弧和两个同心圆，按 Enter 键确认，拾取水平中心线的两端点，得到如图 2-52 所示的图形。

（9）选择"修改"→"裁剪"命令，在立即菜单中选择"快速裁剪"方式，裁剪多余的曲线，完成绘图，结果如图 2-53 所示。

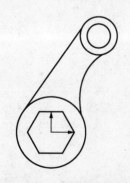

图 2-51　绘制圆弧　　　　　图 2-52　镜像图形　　　　　图 2-53　完成的图形

2.15 本章小结

本章介绍的是 CAXA 电子图板的基本曲线绘图部分，基本曲线主要是一些最为简单和最有代表性的图形元素，包括点、直线、圆、圆弧、椭圆、矩形和正多边形等。本章介绍了这些基本曲线的绘制方式和绘制方法，熟悉基本曲线的绘制方法是绘制更为复杂图形的基础。另外本章还介绍了中心线、样条线、剖面线和填充的绘制方法，这些命令在后面的工作中经常用到，要熟练掌握。

2.16 思考与练习

1．简述直线、圆、圆弧和椭圆的绘制方式和方法。

2．"剖面线"命令中"拾取点"方式和"拾取边界"方式有何区别？各适合于什么情况？

3．"填充"和"剖面线"有何异同？

4．利用学过的知识绘制如图 2-54 所示的图形。

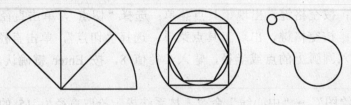

图 2-54 绘制简单图形

5．按尺寸绘制如图 2-55 所示的图形。

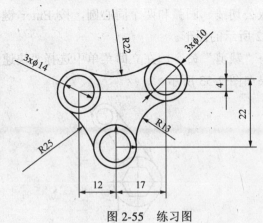

图 2-55 练习图

本章要点

➢ 轮廓线的绘制

➢ 孔轴的绘制

➢ 齿轮轮廓的绘制

本章导读

➢ 基础内容：熟悉 CAXA 电子图板的高级曲线绘制方法，学习利用高级曲线功能快速绘制复杂图形。

➢ 重点掌握：重点掌握轮廓线、孔/轴和齿轮的绘制方法。这3个命令非常实用，课后应当结合操作实例加强练习。

➢ 一般了解：本章内容是对二维图形绘制功能的重要补充，所有内容均要求读者认真阅读，除重点外的内容作为一般了解。

3.1 绘制轮廓线

绘制轮廓线即生成由直线和圆弧构成的首尾相接或不相接的一条轮廓线。其中直线与圆弧的关系可通过立即菜单切换为非正交、正交或相切。

绘制轮廓线的操作步骤如下。

（1）单击"绘图工具 II"工具栏中的"轮廓线"按钮 ，或者直接在命令栏输入绘制轮廓线的命令名 contour。

（2）根据当前立即菜单提供的条件，按提示要求输入第一点，提示变为"下一点"。每输一个点，提示反复出现"下一点"的要求。

（3）按所需轮廓线趋势输入若干个点，右击，系统将最后一点与第一点连接生成一条封闭的由直线构成的轮廓线。

（4）单击立即菜单中的"2：自由"，则在该项目上方弹出一个选项列表，如图 3-1 所示。

图 3-1 轮廓线立即菜单

注意 选项列表列出自由、水平垂直、相切和正交等 4 种选项，为用户绘制轮廓线的形式提供了多种选择，用户可根据作图要求，选择其一完成轮廓线的绘制。其中的"相切"指当有直线与圆弧同时存在时，可以提供直线与圆弧相切的环境，直线与圆弧可随时进行切换。

（5）单击立即菜单中的"封闭"，则该选项变为"不封闭"。此选项表明，再画轮廓线时，将画一条不封闭的轮廓线，并且此状态直至重新切换为止。

图 3-2 为绘制的一些轮廓线。

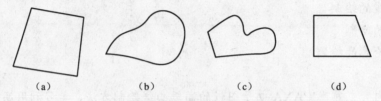

（a）　　　　　（b）　　　　　（c）　　　　　（d）

图 3-2　绘制的轮廓线

（a）非正交直线；（b）封闭圆弧；（c）线、弧相切；（d）正交轮廓线

3.2　绘制波浪线

绘制波浪线即按给定方式生成波浪曲线，改变波峰高度可以调整波浪曲线各曲线段的曲率和方向。

绘制波浪线的操作步骤如下。

（1）单击"绘图工具 II"工具栏中的"波浪线"按钮 〰，或者直接在命令栏输入绘制波浪线的命令名 wavel。

（2）单击立即菜单中的"1：波峰"，输入波峰的数值，以确定波峰的高度，如图 3-3 所示。

图 3-3　波浪线立即菜单

（3）按菜单提示要求，用鼠标在画面上连续指定几个点，一条波浪线随即显示出来，在每两点之间绘制出一个波峰和一个波谷，右击即可结束操作。

图 3-4 为按上述步骤绘制出的波浪线。

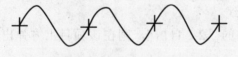

图 3-4　绘制的波浪线

3.3　绘制双折线

由于图幅限制或者其他原因，有些图形无法按比例画出，只能绘制一部分，这时需要

用双折线表示其边界。

注意 按照国标要求，双折线应当超过物体的轮廓线一部分，如图 3-5 所示，因此，系统规定，对于 A0、A1 的图纸幅面，双折线的延伸长度为 1.75，其余的图纸幅面，双折线的延伸长度为 1.25。

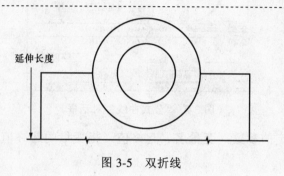

图 3-5　双折线

绘制双折线的操作步骤如下。

（1）单击"绘图工具 II"工具栏中的"双折线"按钮 ，或者直接在命令栏输入绘制双折线的命令名 condup。

（2）如果在立即菜单中的"1："中选择"折点距离"，如图 3-6 所示，输入距离值，拾取直线或者点，则生成给定折点距离的双折线。

（3）如果在立即菜单中的"1："中选择"折点个数"，如图 3-7 所示，输入折点的个数值，拾取直线或者点，则生成给定折点个数的双折线。

1: 折点距离 ▼	2: 距离 10
拾取直线或第一点：	

图 3-6　双折线立即菜单（一）

1: 折点个数 ▼	2: 个数 2
拾取直线或第一点：	

图 3-7　双折线立即菜单（二）

注意 可通过直接输入两点画出双折线，也可拾取现有的一条直线将其改为双折线。

3.4　绘制公式曲线

绘制公式曲线即绘制数学表达式的曲线图形，也就是根据数学公式（或参数表达式）绘制出相应的数学曲线。

公式的给出既可以是直角坐标形式的，也可以是极坐标形式的。公式曲线为用户提供了一种更方便、更精确的作图手段，以适应某些精确型腔、轨迹线形的作图设计。用户只要交互输入数学公式，给定参数，计算机便会自动绘制出该公式描述的曲线。

绘制公式曲线的方法和步骤如下。

（1）单击"绘图工具"工具栏中的"公式曲线"按钮 ，或者直接在命令栏输入绘制公式曲线的命令名 fomul。

（2）弹出"公式曲线"对话框，如图 3-8 所示。在对话框中首先选择是在直角坐标系还是在极坐标系下输入公式。

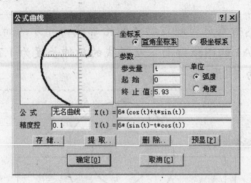

图 3-8 "公式曲线"对话框

（3）填写需要给定的参数：变量名、起终值（指变量的起终值，即给定变量范围），并选择变量的单位。

（4）在文本框中输入公式名、公式及精度，然后单击"预显"按钮，在左上角的预览框中可以看到设定的曲线。对话框中还有"存储"、"提取"、"删除"这三个按钮，存储是针对当前曲线而言；提取和删除都是对已存在的曲线进行操作，单击这两项中的任何一个都会列出所有已存在公式曲线库的曲线，以供用户选取。

（5）设定曲线后，单击"确定"按钮，按照系统提示输入定位点以后，即可绘制出所需公式曲线。

本命令可以重复操作，右击可结束操作。

注意 CAXA 电子图板系统共存储了 6 种曲线（笛卡叶形线、渐开线、玫瑰线、抛物线、心形线和星形线），可以直接提取，如图 3-9 所示。

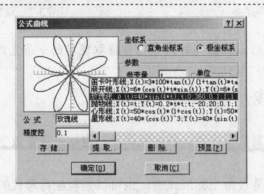

图 3-9 选择曲线类型

3.5 绘制箭头

绘制箭头即在直线、圆弧、样条线或某一点处，按指定的正方向或反方向画一个实心箭头。箭头的大小可在"系统设置"菜单中"标注参数"选项中设置。

绘制箭头的操作步骤如下。

（1）单击"绘图工具 II"工具栏中的"箭头"按钮，或者直接在命令栏输入绘制箭头的命令名 arrow。

（2）单击立即菜单中的"1："，则可进行"正向"和"反向"的切换。允许用户在直线、圆弧或某一点处画一个正向或反向的箭头。

（3）系统对箭头的方向是如下定义的。

➤ 直线：从直线的起点指向终点为正向，从直线的终点指向起点为反向，如图 3-10 所示。

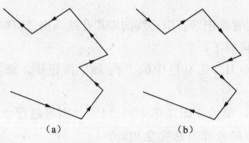

图 3-10　直线上的箭头

（a）正向箭头；（b）反向箭头

➤ 圆弧：逆时针方向为箭头的正方向，顺时针方向为箭头的反方向，如图 3-11 所示。

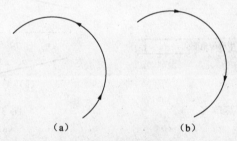

图 3-11　圆弧上的箭头

（a）正向箭头；（b）反向箭头

➤ 样条线：逆时针方向为箭头的正方向，顺时针方向为箭头的反方向，如图 3-12 所示。

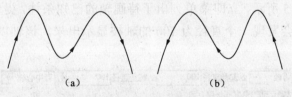

图 3-12　样条线上的箭头

（a）正向箭头；（b）反向箭头

➤ 指定点：指定点的箭头无正、反方向之分，它总是指向该点的。

（4）按操作提示要求，用鼠标拾取直线、圆弧或某一点，拾取后，操作提示变为"箭头位置"。按这一提示，再用鼠标选定加画箭头的确切位置。会看到在移动鼠标时，一个绿色的箭头已经显示出来，且随鼠标的移动而在直线或圆弧上滑动，选好位置后，单击，则箭头被画出。

（5）如果是在某一点处加画一个箭头，系统还允许临时画出箭头的引线。引线长度由用户确定，箭头的方向可在 360°范围内选择。移动鼠标可看到引线的长度和方向跟随鼠标的移动而变化，当认为合适时，单击即可画出箭头及引线；若不需画引线，则选定箭头位置后，不必移动鼠标，直接单击即可。

3.6 绘制孔/轴

绘制孔/轴即在给定位置画出带有中心线的轴和孔或画出带有中心线的圆锥孔和圆锥轴。

绘制孔/轴的操作步骤如下。

（1）单击"绘图工具 II"工具栏中的"孔/轴"按钮⊕，或者直接在命令栏输入绘制孔/轴的命令名 hole。

（2）如图 3-13 所示，单击立即菜单中的"1："，则可进行"轴"和"孔"的切换。不论是画轴还是画孔，剩下的操作方法完全相同。

注意　轴与孔的区别在于：轴的两端有端面线，而孔的两端没有端面线，如图 3-14 所示。

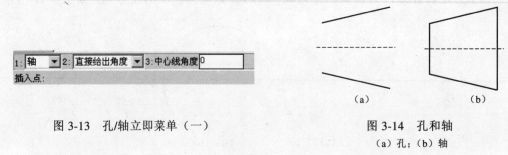

图 3-13　孔/轴立即菜单（一）

图 3-14　孔和轴
（a）孔；（b）轴

（3）单击立即菜单中的"3：中心线角度"，用户可以按提示输入一个角度值，以确定待画轴或孔的倾斜角度，角度的范围是（−360，360）。

（4）按提示要求，移动鼠标或用键盘输入一个插入点，这时在立即菜单处出现一个新的立即菜单，如图 3-15 所示，立即菜单列出了待画轴的已知条件，提示下面要进行的操作。此时，如果移动鼠标会发现一个直径为 100 的轴被显示出来，该轴以插入点为起点，其长度由用户给出。

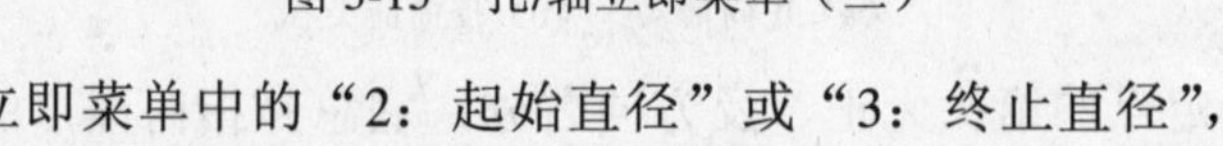

图 3-15　孔/轴立即菜单（二）

（5）如果单击立即菜单中的"2：起始直径"或"3：终止直径"，可以输入新值以重新确定轴或孔的直径。如果起始直径与终止直径不同，则画出的是圆锥孔或圆锥轴。

（6）立即菜单中的"4：有中心线"表示在轴或孔绘制完后，会自动添加上中心线，如果单击"无中心线"方式则不会添加上中心线。

（7）当立即菜单中的所有内容设定后，用鼠标确定轴或孔上一点，或由键盘输入轴或孔的轴长度。当输入结束后，即可绘制出一个带有中心线的轴或孔。

本命令可以连续地重复操作，右击即可停止操作。

图 3-16 是一个需要利用上述操作方法作图的综合例子。

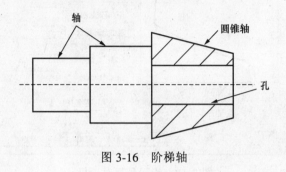

图 3-16 阶梯轴

3.7 绘制齿轮轮廓

绘制齿轮轮廓即按给定的参数生成整个齿轮或生成给定个数的齿形。

绘制齿轮轮廓的操作步骤如下。

（1）单击"绘图工具 II"工具栏中的"齿轮"按钮 🐾，或者直接在命令栏输入绘制齿轮轮廓的命令名 gear。

（2）弹出如图 3-17 所示的"齿轮参数"对话框。在该对话框中可设置齿轮的齿数、模数、压力角、变位系数等，还可改变齿轮的齿顶高系数和齿顶隙系数来改变齿轮的齿顶圆半径和齿根圆半径，也可直接指定齿轮的齿顶圆直径和齿根圆直径。

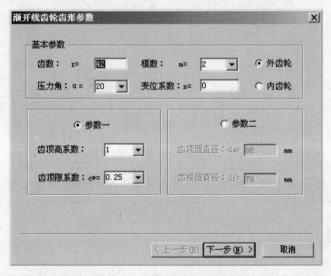

图 3-17 "齿轮参数"对话框

（3）确定齿轮的参数后，单击"下一步"按钮，弹出齿轮预显对话框，如图 3-18 所示。

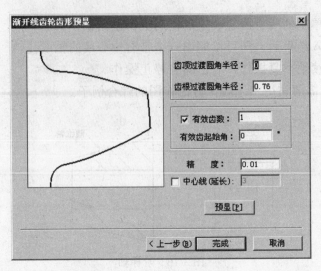

图 3-18　齿形预显对话框

（4）在该对话框中可设置齿形的齿顶过渡圆角的半径和齿根过渡圆弧半径及齿形的精度，并可确定要生成的齿数和起始齿相对于齿轮圆心的角度，确定参数后可单击"预显"按钮观察生成的齿形。单击"完成"按钮可结束齿形的生成；如果要修改前面的参数，单击"上一步"按钮可回到前一对话框。

结束齿形的生成后，给出齿轮的定位点即可完成该功能。图 3-19 所示为绘制的齿轮轮廓。

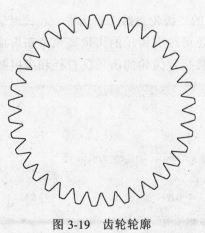

图 3-19　齿轮轮廓

注意　CAXA 电子图板要求生成的齿轮模数大于 0.1、小于 50，齿数大于等于 5、小于 1000。

3.8　操作实例

本章的操作实例主要是学习 CAXA 电子图板提供的方便的轴/孔绘制功能，练习轴类零件的绘制方法和步骤。下面绘制如图 3-20 所示的齿轮轴。

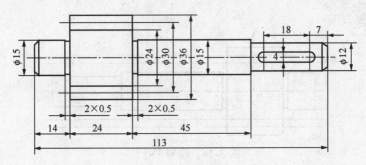

图 3-20　齿轮轴

具体操作步骤如下。

1. 绘制齿轮轴的外轮廓

（1）单击"绘图工具 II"工具栏中的"孔/轴"按钮⊕，弹出如图 3-21 所示的立即菜单；在立即菜单中选择或输入"轴—直接给出角度–0"方式。

图 3-21　绘制轴的立即菜单

（2）按照系统提示在绘图区合适位置单击以确认轴的插入点，向右移动鼠标，一个直径为默认值的动态轴出现在屏幕上，这时在变化后的立即菜单的第二、三项中均输入 15，第四项选择"有中心线"方式，在操作信息提示区输入轴的长度 12，如图 3-22 所示，按 Enter 键，绘制完成第一段轴。

图 3-22　输入轴的直径和长度

（3）继续向右移动鼠标，在如图 3-22 所示的立即菜单中输入相应的直径和长度，依次绘制后面的各段轴。绘制完毕后右击结束绘制孔/轴命令，结果如图 3-23 所示。

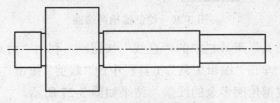

图 3-23　绘制轴的外轮廓

2. 绘制齿轮的分度圆盒底径

（1）单击"绘图工具"工具栏中的"平行线"按钮∥，弹出直线的立即菜单；从中选择"偏移方式—双向"方式，根据系统提示拾取轴的中心线，系统提示输入偏移距离；输入 12，按 Enter 键，即可绘制完成底径平行线。

（2）将当前层设置为"中心线"层，按照上一步绘制分度圆的平行线。绘制完成后结果如图 3-24 所示。

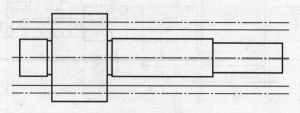

图 3-24　绘制平行线

（3）单击"编辑工具"工具栏中的"裁剪"按钮 ，在立即菜单中选择"快速裁剪"方式，裁剪多余的线条；单击"编辑工具"工具栏中的"拉伸"按钮 ，修整分度圆中心线的长度，结果如图 3-25 所示。

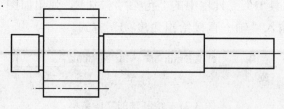

图 3-25　修整齿轮线条

3．绘制键槽

（1）单击"绘图工具"工具栏中的"平行线"按钮，弹出直线的立即菜单；从中选择"偏移方式—单向"方式，绘制键槽两端半圆的竖直中心线。

（2）将当前层设置为"0"层，单击"绘图工具"工具栏中的"圆"按钮 ，利用"圆心半径"方式，绘制键槽两端圆，结果如图 3-26 所示。

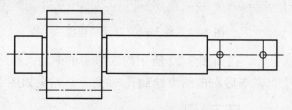

图 3-26　绘制键槽两端圆

（3）单击"绘图工具"工具栏中的"直线"按钮 ，利用"两点线—单个—正交—一点方式"，绘制键槽直线；单击"编辑工具"工具栏中的"裁剪"按钮，在立即菜单中选择"快速裁剪"方式，裁剪键槽轮廓多余的线条，结果如图 3-27 所示。

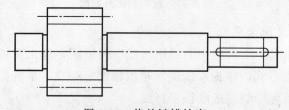

图 3-27　修整键槽轮廓

4. 绘制倒角

（1）单击"编辑工具"工具栏中的"过渡"按钮，在立即菜单中选择如图 3-28 所示的方式。

图 3-28　绘制外倒角的立即菜单

（2）根据系统提示依次单击要形成的外倒角直线，如图 3-29 所示。

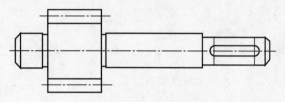

图 3-29　绘制轴端外倒角

3.9　本章小结

本章介绍了 CAXA 电子图板的高级曲线功能和绘制方法。CAXA 电子图板中的高级曲线指由基本元素符号组成的各种特定图形和特定曲线，主要包括轮廓线、波浪线、双折线、公式曲线、箭头、孔/轴和齿轮轮廓。高级曲线功能是对各种常用图形功能的整合，是提高工作效率的有效方法。

3.10　思考与练习

1. 轮廓线由哪些线段构成？
2. 系统对箭头的正向和反向是怎么定义的？
3. 简述绘制轮廓线、孔/轴和齿轮轮廓的方法和步骤。
4. 利用学过的知识，绘制如图 3-30 所示的图形。

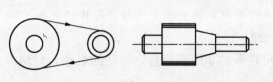
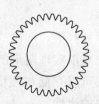
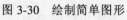

图 3-30　绘制简单图形

第 4 章
块　操　作

本章要点

➢ 块的生成

➢ 块的打散

➢ 块的消隐

➢ 块的属性

➢ 块的属性表

本章导读

➢ 基础内容：了解块的概念和功能，熟悉块的操作方法，学习如何生成块、打散块、消隐块、修改块属性以及修改和保存块属性表等。

➢ 重点掌握：本章所讲解的 5 个块操作命令组成了 CAXA 电子图板的整个块功能，每个命令都要求重点掌握。

4.1　概述

块是复合形式的图形实体，是一种应用广泛的图形元素。在绘图过程中，使用块操作不仅能简化操作，而且能减少重复性的工作，提高绘图效率。因此，块的应用十分广泛，其效果也十分明显。

CAXA 电子图板定义的块有如下特点。

➢ 块是复合型图形实体，可以由用户定义。块被定义生成以后，原来若干相互独立的实体形成统一的整体，对它可以进行类似于其他实体的移动、复制、删除等各种操作。

➢ 块可以被打散，即构成块的图形元素又成为可独立操作的元素。

➢ 利用块可以实现图形的消隐。

➢ 利用块可以存储与该块相联系的非图形信息，如块的名称、材料等，这些信息也称为块的属性。

➢ 利用块可以实现形位公差、表面粗糙度等的自动标注。

➢ 利用块可以实现图库中各种图符的生成、存储与调用。

➢ CAXA 电子图板中属于块的图素，如图符、尺寸、文字、图框、标题栏、明细表等，均可用除"块生成"外的其他块操作工具。

当对块进行操作时，选择"绘图"→"块操作"命令，弹出如图 4-1 所示的"块操作"子菜单，它包括"块生成"、"块消隐"、"块属性"和"块属性表"4 个命令。

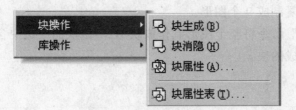

图 4-1　块操作子菜单

4.2　块生成

块生成即用于将选中的一组图形实体组合成一个块，生成的块位于当前层，对它可实施各种图形编辑操作。块的定义可以嵌套，即一个块可以是构成另一个块的元素。

进行块生成的操作步骤如下。

（1）在弹出的"块操作工具"工具栏中单击"块生成"按钮 🖵，或者直接在命令栏输入块生成的命令名 block。

（2）拾取构成块的元素，当拾取完成后，右击确认结束。

（3）输入块的基准点（基准点也就是块的基点，主要用于块的拖动定位）。

（4）也可以拾取实体，右击，在弹出的快捷菜单中选择"块生成"命令。

下面通过两个实例来介绍块生成的基本应用方式。

例 4-1　绘制一个六角头螺栓的一个视图，并定义为块 B1（如图 4-2 所示）。其操作步骤如下。

（1）在中心线层画中心线，在 0 层画出正六边形与圆。

（2）选择"块生成"命令。

（3）用窗口方式拾取圆、正六边形和中心线。

（4）将图形的中心设为定位点，块生成完毕。

例 4-2　由已绘制的块 B1（图 4-2）制作块 B2（图 4-3）。其操作步骤如下。

图 4-2　块 B1

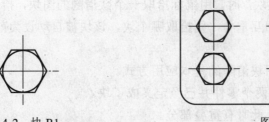

图 4-3　块 B2

（1）画长方形板，倒圆角。

（2）用平移在板中左下角处画出 B1 块。

（3）用矩形阵列复制成 9 个图形。

（4）用"块生成"命令将整个图形制作成块 B2，该块的成员中含有 9 个 B1 块，它是一个通过块嵌套制作成的块。

4.3　块打散

块打散即将块分解为组成块的各成员实体。它是块生成的逆过程。如果块生成是逐级嵌套的，那么块打散也是逐级进行的，即每打散一次就分解一次。

进行块打散的操作步骤如下。

（1）在"编辑工具"工具栏中单击"块打散"按钮，或者直接在命令栏输入块打散的命令名 explode。

（2）用鼠标左键拾取块，拾取后右击确认结束，块即被打散。此时若再用鼠标左键拾取原块内的任一元素，则只有该元素被选中，其他元素没有被选中，这说明原来的块已不存在，已经被打散为若干个互不相关的实体元素。

注意　图块被打散后，其各成员又成为彼此独立的实体，并归属于各实体原来的图层，重新恢复其原有的属性。

4.4　块消隐

块消隐即利用具有封闭外轮廓的块图形作为前景图形区，自动擦除该区内其他图形，实现二维消隐。

用作前景图形区的图块，既可以是用户定义的，也可以是系统绘制的各种工程图符，但所使用的图块必须具有封闭外轮廓，如果用户拾取的图块不具有封闭的外轮廓，则系统不执行消隐操作。

进行块消隐的操作步骤如下。

（1）在弹出的"块操作工具"工具栏中单击"块消隐"按钮，或者直接在命令栏输入块打散的命令名 hide。

（2）当系统提示"请拾取块"时，用鼠标拾取一个欲消隐的图块，拾取一个消隐一个，可连续操作。若几个块之间相互重叠，则拾取哪个块，该块被自动设为前景图形区，与之重叠的图形被消隐。

下面通过两个实例来介绍块消隐的基本应用方式。

例 4-3　已有螺栓和螺母两个零件并已经定义成了块。

（1）将螺母加到螺栓上，此时有重叠部分。

（2）使用"块消隐"命令，拾取不同的块，将会有不同的结果，如图 4-4 所示。

例 4-4　消隐之后再取消消隐，如图 4-5 所示。

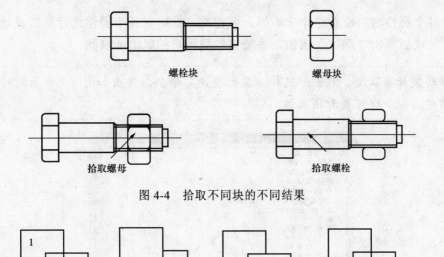

图 4-4 拾取不同块的不同结果

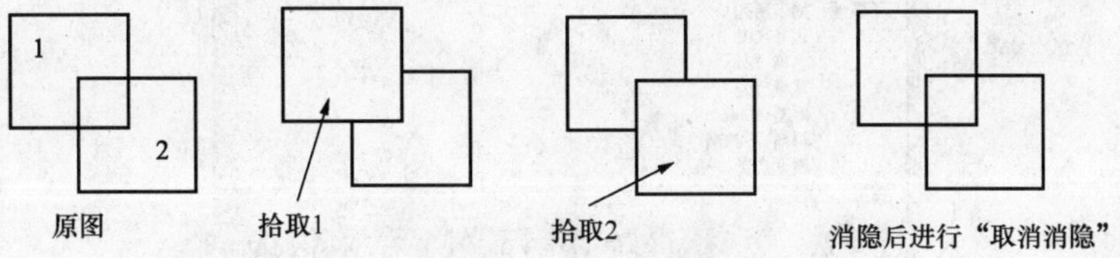

图 4-5 消隐之后再取消消隐

4.5 块属性

块属性即为指定的块添加、查询或修改属性。属性是与块相关联的非图形信息，并与块一起存储。

块的属性由一系列属性表项及相对应的属性值组成，属性表项的内容可由"块属性表"命令设定，它指明了块具有哪些属性，"块属性"命令是为块的属性赋值，或修改和查询各属性值。

添加、查询或修改块属性都是通过对话框实现的，其操作步骤如下。

（1）在弹出的"块操作工具"工具栏中单击"块属性"按钮囫，或者直接在命令栏输入块属性的命令名 attrib。

（2）按系统提示拾取块后，弹出"填写属性表"对话框，如图 4-6 所示，在该对话框中，CAXA 电子图板预先设定了一些属性名，如"名称"、"重量"、"体积"、"规格"等，这些属性名可通过"块属性表"命令进行修改与设定。

图 4-6 块属性对话框

（3）每个属性名对应着一个文本框，可在文本框中对各个属性进行赋值或修改。

（4）完成后单击"确定"按钮，系统将接受用户的赋值或修改。

注意 移动鼠标拾取块，右击，选择"属性查询"命令，弹出如图 4-7 所示的对话框，在该对话框中即可查看块属性。

图 4-7　查询结果对话框

4.6　块属性表

块属性表不仅能用来增加或删除属性款项，而且能将表列的属性款项保存在一个专门的属性表文件中，需要时再将属性款项调出来使用。

对块属性表进行操作的步骤如下。

（1）单击"块操作"按钮，在弹出的"块操作工具"工具栏中单击"定义块属性表"按钮 。或者直接在命令栏输入块属性表的命令名 atttab。

（2）弹出如图 4-8 所示的"块属性表"对话框，对话框的左侧为"属性名称"列表框，其中列出了当前属性表的所有属性的名称，右侧为一组按钮，可实现对属性表的操作。

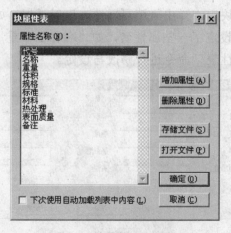

图 4-8　"块属性表"对话框

对该对话框可实施以下操作。

➢ 修改属性名：用鼠标或上、下方向键在"属性名称"列表框中选中要修改的属性名，然后双击该属性，则可进入编辑状态，实现对属性名的修改。

➢ 增加属性：用鼠标或上、下方向键在"属性名称"列表框中选定某属性，然后单击"增加属性"按钮或者按 Insert（或 Ins）键，可在列表中插入一个名为"新项目"的新属性，按照上面介绍的方法将属性名改为实际的属性名称即可完成"增加属性"操作。

➢ 删除属性：用鼠标或上、下方向键在"属性名称"列表框中选定某属性，然后单击"删除属性"按钮或者按 Delete 键即可删除该属性。

➢ 存储文件：将自定义的属性表存盘，以备后用。单击"存储文件"按钮后弹出"存储块属性文件"对话框，请用户输入文件名。系统默认的属性表文件后缀为 .ATT。

➢ 可以调入自己编辑的属性文件。单击"打开文件"按钮，在弹出的对话框中选择所需的块属性文件后，可调出文件中存储的属性表，取代当前的属性表。

➢ 可以利用左下角的复选框选择是否下次使用时自动加载列表中的内容。

4.7 操作实例

本章的操作实例主要是熟悉 CAXA 电子图板中块的操作方法，主要包括块生成、块属性等操作，当然也包括前面学过的一些基本操作。

按照尺寸绘制如图 4-9 所示的图形，并将此图形创建成块，完成块属性的输入。

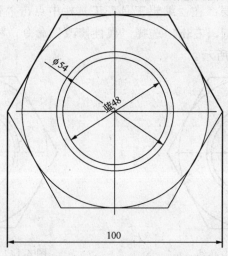

图 4-9 块操作实例图

具体操作步骤如下。

（1）绘制外六边形：在"绘图工具"工具栏中点击"正多边形"按钮 ⊙，在弹出的如图 4-10 所示的立即菜单中选择"中心定位"，并给定半径为 50。

| 1: 中心定位 ▼ | 2: 给定半径 ▼ | 3: 内接 ▼ | 4: 边数 6 | 5: 旋转角 0 | 6: 无中心线 ▼ |

圆上点或外接圆的半径:50 | polygon/pol

图 4-10　正多边形立即菜单

（2）绘制外六边形内接圆：在"绘图工具"工具栏中点击"圆"按钮⊕，在点捕捉状态设置区选择"智能"，捕捉正多边形任意一边的切点作为圆上的点绘制出外六边形的内接圆，如图 4-11 所示。

（3）绘制直径为 48 和 54 的圆：在"绘图工具"工具栏中点击"圆"按钮⊕，在立即菜单中选择"圆心—半径"，并输入直径值 48（或 54），绘出两个同圆心的圆，如图 4-12 所示。

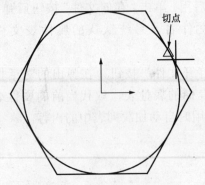

图 4-11　绘制外六边形内接圆

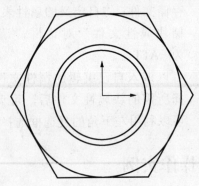

图 4-12　绘制两圆

（4）绘制中心线：在"绘图工具"工具栏中点击"中心线"按钮∅，拾取外六边形的内接圆，即可生成如图 4-13 所示的中心线。

（5）裁剪曲线并修改层：在"编辑工具"工具栏中点击"裁剪"按钮，快速裁剪 1/4 个圆，拾取剩下的 3/4 个圆，右击，选择"属性修改"命令，将线型改成细实线，层改成细实线层，结果如图 4-14 所示。

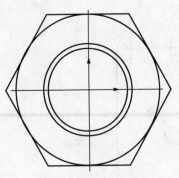

图 4-13　绘制中心线

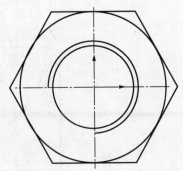

图 4-14　裁剪曲线并修改层

（6）生成块：单击"块操作"按钮，在弹出的"块操作工具"工具栏中单击"块生成"按钮，拾取所有曲线并右击确认，选取基点后即可生成块。

（7）填写块属性：单击"块操作"按钮，在弹出的"块操作工具"工具栏中单击"块属性"按钮，弹出如图 4-6 所示的对话框，从中即可填写块属性的相关内容。

4.8 本章小结

本章介绍了 CAXA 电子图板的块操作功能，包括块生成、块打散、块消隐、块属性和块属性表 5 个部分。使用块可以将常用的图形元素集成到一个功能块中，可以快速绘制类似的图形，从而可极大地提高绘图效率。

4.9 思考与练习

1. 如何区分一个实体是图块还是一般图形元素？
2. 块有哪些特征，对块可以进行哪些操作？
3. 块属性和块属性表有何区别和联系？
4. 运用本章学过的内容，绘制如图 4-15 所示的图形。

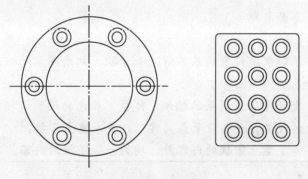

图 4-15 例图

第 5 章
系 统 设 置

本章要点

➢ 图层控制
➢ 线型、颜色的设置
➢ 捕捉点、用户坐标系的设置
➢ 文本风格和标注风格
➢ 剖面图案、点样式和视图导航
➢ 系统配置
➢ 界面操作和界面定制

本章导读

➢ 基础内容：了解系统设置的基本方法和步骤，熟悉图层的概念和功能，为以后复杂工作打好基础。
➢ 重点掌握：重点介绍了图层的控制，线型、颜色的设置，捕捉点和用户坐标系的设置，界面的设置，这些设置最为常用，要求重点掌握。
➢ 一般了解：除了重点掌握的内容外，均为一般了解的内容。

5.1 概述

为了使初学者能尽快掌握 CAXA 的功能，并在实践中加深理解，CAXA 电子图板为用户设置了一些初始化的环境和条件，如图形元素的线型、颜色、文字的大小等。

用户设置的这些初始化条件称为系统设置。在系统内它们被缺省设置，用户可以直接使用。如果对系统设置的条件不满意，可以按照一定的操作顺序，重新设置参数或条件。

初学者在学习之初，可以越过本章，在具备了一定的操作能力和技巧之后再学习本章，这样可以对系统设置的内容和条件掌握得更加具体和透彻，对系统中各类参数或条件的重新设置会更加符合专业要求。

欲进行系统设置，单击"格式"和"工具"菜单，分别弹出如图 5-1 和图 5-2 所示的下拉菜单，然后再选择其中的命令，即可执行相应的操作。下面对下拉菜单中的有关命令进行说明。

图 5-1 "格式"菜单

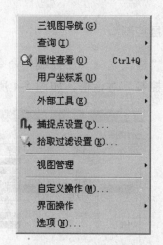

图 5-2 "工具"菜单

5.2 图层控制

CAXA 电子图板绘图系统同其他 CAD/CAM 绘图系统一样，为用户提供了分层功能。一幅机械工程图纸，包含有各种各样的信息，有确定实体形状的几何信息，也有表示线型、颜色等属性的非几何信息，当然还有各种尺寸和符号。这么多的内容集中在一张图纸上，必然给设计绘图工作造成很大负担。如果能够把相关的信息集中在一起，或把某个零件、某个组件集中在一起单独进行绘制或编辑，当需要时又能够组合或单独提取，将使绘图设计工作变得简单而方便。本节所介绍的图层就可以实现这些功能。

5.2.1 图层的概念

图层，也称为层，是进行结构化设计不可缺少的软件环境。图层可以看做一张没有厚度的透明薄片，实体及其信息就存放在这种透明薄片上。在 CAXA 电子图板中最多可以设置 100 层，但每个图层必须有唯一的层名，层与层之间由一个坐标系一定位。所以，一个图形文件的所有层可以重叠在一起而不会发生坐标关系的混乱。图 5-3 形象地说明了图层的概念。

组合结果

0层

剖面线层

中心线层

图 5-3 图层的概念

图层是有状态的，图层的状态包括层名、层描述、线型、颜色、打开与关闭以及是否为当前层等。每个图层都对应一组事先确定好的状态。

CAXA 电子图板定义了 7 个初始图层，分别为"0 层"、"中心线层"、"虚线层"、"细实线层"、"尺寸线层"、"剖面线层"和"隐藏层"。可以根据绘图需要再建立若干个新图层，也可以对包括 7 个初始图层在内的任何图层的属性和状态进行编辑。

注意 为减小文件的存储空间，不需要的图层应当及时删除，但 7 个初始图层不能被删除。

5.2.2 图层控制

选择"格式"→"层控制"命令或单击"属性工具"工具栏中的"层控制"按钮 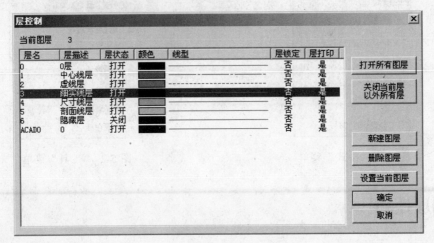，
弹出"层控制"对话框，如图 5-4 所示。

图 5-4 "层控制"对话框

当弹出"层控制"对话框后，将鼠标指针移至欲改变图层的层状态（打开/关闭）位置
上，单击就可以进行图层打开和关闭的切换。

图层处于打开状态时，该层上的实体被显示在绘图区；处于关闭状态时，该层上的实
体处于不可见状态，但实体仍然存在，并没有被删除。打开和关闭图层功能在绘制复杂图
形时非常有用。在绘制复杂的多视图时，可以把当前无关的一些细节（即某些实体）隐去，
使图面清晰、整洁，以便集中完成当前图形的绘制，以加快绘图和编辑的速度。

例如可将尺寸线和剖面线分别放在尺寸线层和剖面线层，在修改视图时将其关闭，使
视图更清晰；还可将作图的一些辅助线放入隐藏层中，作图完成后，将其关闭，隐去辅助
线，而不用逐条去删除。

5.2.3 新建图层

新建图层即新创建一个图层，并将该图层放入图层列表中。

创建新图层的操作步骤如下。

（1）选择"格式"→"层控制"命令或单击"属性工具"工具栏中的"层控制"按钮
，弹出"层控制"对话框。

（2）单击"新建图层"按钮，这时在图层列表框的最下边一行可以看到新建图层，如
图 5-5 所示。

（3）新建的图层颜色默认为白色，线型默认为粗实线。可修改新建图层的层名和层
描述。

（4）单击"确定"按钮可结束新建图层的操作。

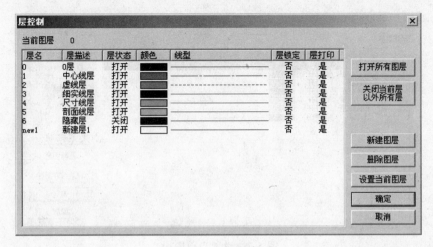

图 5-5　新建图层

5.2.4　设置当前层

所谓当前层就是当前正在进行操作的图层，用户当前的操作都是在当前层上进行的，因此当前层也可称为活动层。

设置当前层即将系统中已经建立的某一图层设置为当前层。为了对已有的某个图层中的图形进行操作，必须将该图层设置为当前层。

注意　某个图层设置为当前层后，随后绘制的图形元素都将放在此当前层上。而且该层为系统唯一的当前层，其他图层均为非当前层。

设置当前层有如下 3 种方法。

（1）单击属性工具条中的"当前层"下拉列表框，可弹出图层列表，如图 5-6 所示，在列表中单击所需的图层即可完成当前层选择的设置操作。

图 5-6　图层选择下拉框

（2）选择"格式"→"层控制"命令，弹出"层控制"对话框，如图 5-7 所示，对话框的上部显示出当前图层是哪个层；在对话框中的图层列表框中单击所需的图层后，单击"设置当前图层"按钮，然后单击"确定"按钮即可。

（3）单击"属性工具"工具栏中的"层控制"按钮，也可以弹出"层控制"对话框，其他操作与第二种方法相同。

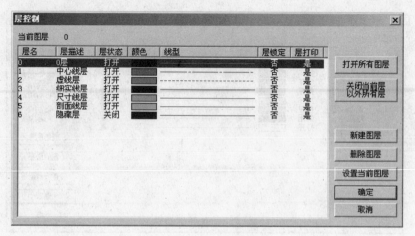

图 5-7　设置当前图层

5.2.5　删除图层

删除图层即删除用户自己建立的图层。

删除图层的操作步骤如下。

（1）选择"格式"→"层控制"命令，或单击"属性工具"工具栏中的"层控制"按钮，弹出"层控制"对话框，如图 5-8 所示。

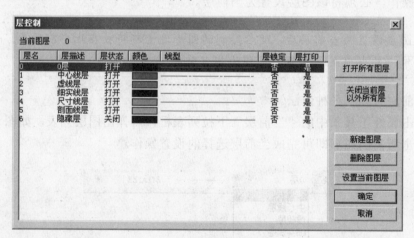

图 5-8　删除图层

（2）选中要删除的图层，单击"删除图层"按钮，弹出一个提示对话框，如图 5-9 所示。

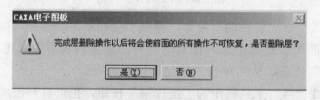

图 5-9　删除图层确认对话框

（3）单击"是"按钮，图层将被删除，然后在"层控制"对话框中单击"确定"按钮，结束删除图层操作。

注意 该操作只能删除用户创建的非当前图层，不能删除系统初始图层。若删除系统初始图层，系统会给出提示信息，如图 5-10 所示。若删除的是当前图层，系统会提示如图 5-11 所示的信息。此外，删除前请确认绘制图形中没有任何元素位于此图层上。

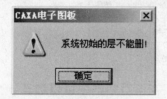

图 5-10 系统图层删除警示对话框

图 5-11 当前图层删除警示对话框

5.3 线型

线型是点、横线和空格等按一定规律重复出现而形成的图案，复杂的线型还可以包含各种符号。本节将介绍线型的设置。

选择"格式"→"线型"命令，可弹出"设置线型"对话框，如图 5-12 所示。在该对话框中显示出系统已有的线型，通过它还可以进行定制线型、加载线型和卸载线型的操作。

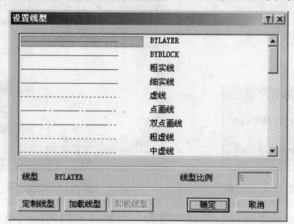

图 5-12 "设置线型"对话框

5.3.1 定制线型

定制线型即建立一种新线型并保存起来，或者对已有的线型进行编辑。

定制线型的操作步骤如下。

（1）打开"设置线型"对话框后，单击"定制线型"按钮，弹出"线型定制"对话框，如图 5-13 所示。

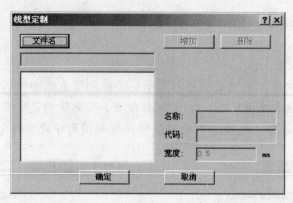

图 5-13 "线型定制"对话框

（2）单击"文件名"按钮，弹出"文件"对话框，在该对话框中可以选择一个已有的线型文件进行操作，也可以输入新的线型文件的文件名（线型文件的扩展名为.LIN），将弹出对话框询问是否创建新的线型文件，如图 5-14 所示。单击"确定"按钮则创建新的线型文件，单击"取消"按钮则操作无效。

（3）选择或创建线型文件后，线型对话框变为如图 5-15 所示，在"名称"文本框中输入新线型的名称或浏览线型列表框中线型的名称；在"代码"文本框中输入新线型的代码或浏览线型列表框中线型的代码；在"宽度"文本框中输入新线型的宽度或浏览线型列表框中线型的宽度。

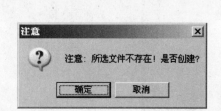

图 5-14 创建新线型确认对话框

图 5-15 "线型定义"对话框

（4）当以上三项设置完以后，单击"增加"按钮可将当前定义的线型增加到线型列表框中；单击"删除"按钮，线型列表框中光标所在位置的线型将被删除。

注意 线型预显框中显示的是当前线型代码所表示的线型的形式（宽度不显示）。系统线型代码定制规则如下：线型代码由 16 位数字组成；各位数字为 0 或 1；0 表示抬笔，1 表示落笔。

（5）当执行完所有操作以后，单击"确定"按钮，即可将当前的操作结果存入线型文件中；单击"取消"按钮将放弃所进行的操作。

5.3.2 加载线型

加载线型即将线型文件载入内存，供绘图时选用。

加载线型的操作步骤如下。

（1）打开"设置线型"对话框后，单击"加载线型"按钮，弹出"载入线型"对话框，如图 5-16 所示。

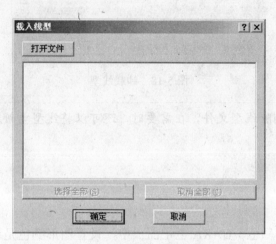

图 5-16 "载入线型"对话框

（2）单击"打开文件"按钮，弹出"打开线型文件"对话框，如图 5-17 所示；选择要加载的线型文件，单击"打开"按钮，即可把线型文件加入"载入线型"对话框中。

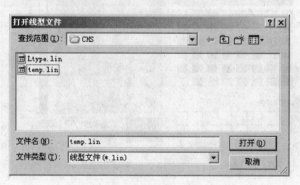

图 5-17 载入线型

（3）单击"选择全部"或者"取消全部"按钮，能把列表框中的全部新线型加入"设置线型"对话框或者取消加入的线型。

5.3.3 卸载线型

卸载线型即卸载用户自行加载的新线型。

卸载线型的操作比较简单，在"设置线型"对话框中单击新线型，"卸载线型"按钮被激活，如图 5-18 所示，单击该按钮即可卸载加入的新线型。

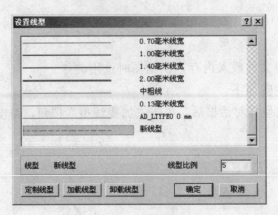

图 5-18　卸载线型

注意 卸载线型并不删除线型文件，在需要时，还可以将线型重新加载。系统自带的线型不能卸载。

5.4　颜色

颜色即实体显示的颜色。CAXA 电子图板中，设置图形颜色是通过"颜色设置"对话框来完成的，其操作步骤如下。

（1）选择"格式"→"颜色"命令，弹出"颜色设置"对话框，如图 5-19 所示。

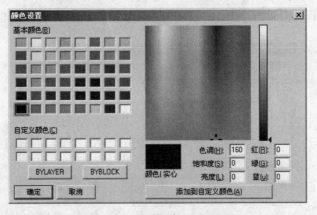

图 5-19　"颜色设置"对话框

注意 "颜色设置"对话框与 Windows 的标准编辑颜色对话框相似，只是增加了两个设置逻辑颜色的按钮：BYLAYER 和 BYBLOCK。BYLAYER 指当前图形元素的颜色与图形元素所在层的颜色一致。这样设置的好处是当修改图层颜色时，属于此层的图形元素的颜色也可以随之改变。BYBLOCK 指当前图形元素的颜色与图形元素所在块的颜色一致。

（2）可以选择基本颜色中的备选颜色作为当前颜色，也可以在颜色阵列中调色，然后

单击"添加到自定义颜色"按钮将所调颜色增加到自定义颜色中。

（3）单击"确定"按钮确认操作，单击"取消"按钮则放弃操作。

（4）设置以后，系统属性条上的颜色按钮将变化为对应的颜色。

5.5 捕捉点设置

捕捉点设置指设置鼠标在屏幕绘图区的捕捉方式。

选择"工具"→"捕捉点设置"命令，弹出如图 5-20 所示的对话框。从该对话框中可以看出系统提供了 4 种捕捉方式，分别为自由点捕捉、栅格点捕捉、智能点捕捉和导航点捕捉。

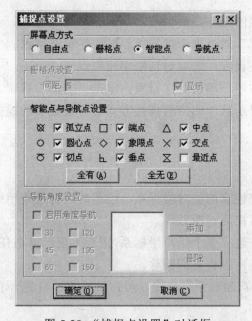

图 5-20 "捕捉点设置"对话框

5.5.1 自由点捕捉

设置自由点捕捉方式的操作步骤如下。

（1）在"捕捉点设置"对话框中选择"自由点"单选按钮。

（2）单击"确定"按钮，确认此次设置；单击"取消"按钮，则放弃此次设置。

5.5.2 栅格点捕捉

设置栅格点捕捉方式的操作步骤如下。

（1）在"捕捉点设置"对话框中选择"栅格点"单选按钮。

（2）输入栅格点间距（系统默许值为 5.00）。

（3）如欲显示栅格点，单击"显示栅格点"复选框。

（4）单击"确定"按钮，确认此次设置；单击"取消"按钮，则放弃此次设置。

5.5.3 智能点捕捉

设置智能点捕捉方式的操作步骤如下。

（1）在"捕捉点设置"对话框中选择"智能点"单选按钮。

（2）如欲改变点捕获设置，选取对话框中相应点。

（3）单击"确定"按钮，确认此次设置；单击"取消"按钮，则放弃此次设置。

设置后点捕捉状态提示区（屏幕右下角）中的当前捕捉方式变为设置后的捕捉方式。

5.5.4 导航点捕捉

设置导航点捕捉方式的操作步骤如下。

（1）在"捕捉点设置"对话框中选择"导航点"单选按钮。

（2）如欲改变点捕获设置，选取对话框中相应点。

（3）单击"确定"按钮，确认此次设置；单击"取消"按钮，则放弃此次设置。

设置后点捕捉状态提示区中的当前捕捉方式变为设置后的捕捉方式。

5.6 用户坐标系

用户坐标系是由用户建立的临时坐标系。绘图时，合理使用用户坐标系，可使得坐标点的输入更方便，从而可提高绘图效率。

CAXA 电子图板允许建立多个用户坐标系，用户不仅可以在任意两个坐标系之间切换，控制它们的可见性，而且可以将它们删除。

选择"工具"→"用户坐标系"命令，可弹出如图 5-21 所示的子菜单，选择子菜单中的命令可执行相应的操作。

图 5-21 "用户坐标系"子菜单

5.6.1 坐标系设置

给定一个坐标系的原点位置及坐标系 X 轴的旋转角，可以建立用户坐标系。CAXA 电子图板允许用户建立 16 个坐标系。

设置用户坐标系的操作步骤如下。

（1）在图 5-21 所示的子菜单中选择"设置"命令，系统提示"请指定用户坐标系原点：",输入新设置坐标系的原点（如输入坐标值，所输入的坐标值为新坐标系原点在原坐标系中的坐标值）。

（2）系统提示"请输入坐标系旋转角<-360，360>："，输入旋转角后，新坐标系设置完成，并将新坐标系设为当前坐标系。

注意 如果坐标系为不可见状态，则坐标系设置命令无效，选择该命令后，系统将弹出如图 5-22 所示的警告框。

图 5-22 坐标设置警告对话框

5.6.2 坐标系切换

当用户建立了多个坐标系时，处于激活状态的坐标系为当前用户坐标系，用户输入的点也是针对当前用户坐标系的。如果要使用其他坐标系，则必须先将其切换为当前坐标系。

切换坐标系的操作步骤为：在图 5-21 所示的子菜单中选择"切换"命令，当前坐标系失效，坐标系标志变为非当前坐标系颜色（默认为红色），新的当前坐标系生效，坐标系标志变为当前坐标系颜色（默认为紫色）。坐标系颜色可以在"系统配置"对话框中的"颜色设置"选项卡中进行设置。

如果坐标系为不可见状态，则坐标系切换命令无效。

注意 可用功能键 F5 实现坐标系的切换。

5.6.3 坐标系可见

坐标系可见指在屏幕上显示用户坐标系，不可见指在屏幕上隐藏用户坐标系。

坐标系"可见"与"不可见"之间的切换很简单，只要在图 5-21 所示的子菜单中选择"可见"命令，如果当前坐标系可见，则变为不可见，否则变为可见。

5.6.4 删除用户坐标系

当用户坐标系不再使用时，应当将其删除。

删除用户坐标系的操作步骤如下。

（1）在图 5-21 所示的子菜单中选择"删除"命令，弹出如图 5-23 所示的对话框。

（2）单击"确定"按钮，确认删除当前坐标系；单击"取消"按钮，则放弃删除当前坐标系的操作。

图 5-23 坐标系删除警示对话框

注意 如果坐标系为不可见状态，则坐标系删除命令无效。

5.7 文本风格

文本风格是各个文字参数特定值的组合，包括文字字体相关参数和段落属性。用户可以将在不同场合经常会用到的几组文字参数的组合定义成字型，存储到图形文件或模板文件中，便于以后的使用。

进行文本风格操作的步骤如下。

（1）选择"格式"→"文本风格"命令，或单击"设置工具"工具栏中的"文本风格"按钮，或者直接在命令栏输入文本风格的命令名 textpara，弹出如图 5-24 所示的"文本风格"对话框。

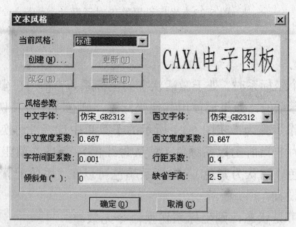

图 5-24 "文本风格"对话框

（2）在"当前风格"下拉列表框中，列出了当前文件中所有已定义的字型。如果尚未定义字型，则系统预定义了一个叫"标准"的默认字型，该默认字型不能被删除或改名，但可以编辑。通过在该下拉列表框中选择不同选项，可以切换当前字型。对话框下部列出的字型特征为当前字型对应的参数，预显框中显示字体的外观。

（3）对字型可以进行 4 种操作：创建、更新、改名、删除。修改任何一个字型参数后，"创建"和"更新"按钮变为有效状态。单击"创建"按钮，将弹出对话框以供输入新字型名，并将其设置为当前字型；单击"更新"按钮，系统将当前字型的参数更新为修改后的值；单击"改名"按钮，可以为当前字型起一个新名字；单击"删除"按钮则删除当前字型。

（4）进行风格参数的设置。

➤ 中文字体：可选择中文字体的风格，如图 5-25 所示。除了 Windows 自带的文字风格外还可以选择单线体（形文件）风格。图 5-26 是选择不同风格的字体所生成的文字效果。

➤ 西文字体：选择方式与中文相同，区别是系统限定的为文字中的西文。同样可以选择单线体（形文件）。

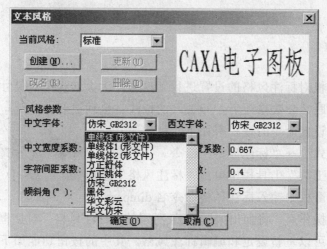

图 5-25　字体选择

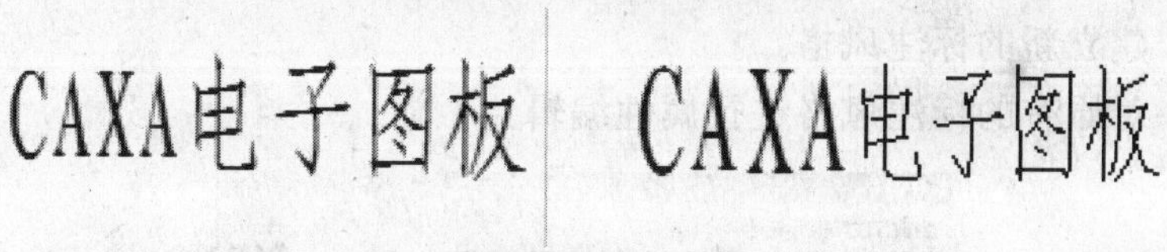

CAXA电子图板 ｜ CAXA电子图板

(a) 　　　　　　　　　　　　　　　(b)

图 5-26　不同风格文字效果

(a) 仿宋-GB2312；(b) 单线体（形文件）

➢ 中文宽度系数、西文宽度系数：当宽度系数为 1 时，文字的长宽比例与 TrueType 字体文件中描述的字形保持一致；为其他值时，文字宽度在此基础上缩小或放大相应的倍数。

➢ 字符间距系数：同一行（列）中两个相邻字符的间距与设定字高的比值。

➢ 行距系数：横写时两个相邻行的间距与设定字高的比值。

➢ 列距系数：竖写时两个相邻列的间距与设定字高的比值。

➢ 倾斜角：横写时为一行文字的延伸方向与坐标系的 X 轴正方向按逆时针测量的夹角；竖写时为一列文字的延伸方向与坐标系的 Y 轴负方向按逆时针测量的夹角。旋转角的单位为角度。

（5）设置风格参数后，单击"确定"按钮，将弹出如图 5-27 所示的对话框。如果单击"是"按钮，将保存当前设置。这时电子图板中这种风格的标注已经随着设置的保存进行关联变化；单击"否"按钮，将不保存当前设置，重新打开电子图板时，文字参数的设置还原为系统默认参数。

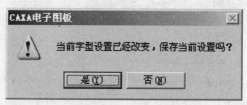

图 5-27　提示保存对话框

5.8 标注风格

CAXA 电子图板对标注风格的设置进行了改进，大大增强了对尺寸风格的设置，并且标注参数与标注关联，参数修改后，相关联的标注将自动更新。

选择标注风格设置命令的途径有如下几种。

（1）选择"格式"→"标注风格"命令。

（2）在"设置工具"工具栏中单击"标注风格"按钮 。

（3）直接在命令栏中输入标注风格命令名 dimpara。

执行上述任一操作后，将弹出如图 5-28 所示的"标注风格"对话框，图中显示的为系统默认设置，用户可以重新设定和编辑标注风格。其中的按钮功能如下。

➢ 设为当前：将所选的标注风格设置为当前使用风格。

➢ 新建：建立新的标注风格。

➢ 编辑：对原有的标注风格进行属性编辑。

图 5-28 "标注风格"对话框

5.8.1 标注风格编辑

单击"标注风格"对话框中的"编辑"按钮，将弹出如图 5-29 所示的"编辑风格-标准"对话框。可以根据该对话框所提供的"直线和箭头"、"文本"、"调整"、"单位和精度相关"等选项卡进行设置。

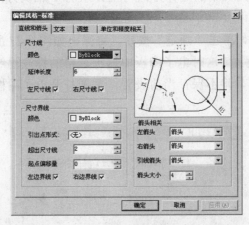

图 5-29 "编辑风格-标准"对话框

1. 直线和箭头

在"编辑风格-标准"对话框中选择"直线和箭头"选项卡，从中可以对尺寸线、尺寸界线及箭头相关等进行设置。

（1）尺寸线：控制尺寸线的各个参数。

➤ 颜色：设置尺寸线的颜色，默认值为 ByBlock。

➤ 延伸长度：当尺寸线在尺寸界线外侧时，尺寸界线外侧距尺寸线的长度即为延伸长度，默认值为 6mm。

➤ 左尺寸线和右尺寸线：设置左右尺寸线的开关，默认值为开，图 5-30 所示为尺寸线参数的图例。

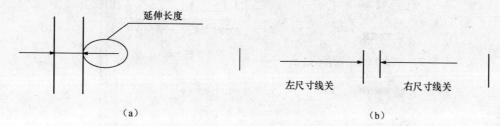

图 5-30　尺寸线参数的图例
（a）延伸长度；（b）尺寸线开关

（2）尺寸界线：控制尺寸界线的参数。

➤ 颜色：设置尺寸界线的颜色，默认值为 ByBlock。

➤ 引出点形式：为尺寸界线设置引出点形式，可选为"圆点"，默认值为"无"。

➤ 超出尺寸线：尺寸界线向尺寸线终端外延伸距离即为延伸长度，默认值为 2.0mm。

➤ 起点偏移量：尺寸界线距离所标注元素的长度，默认值为 0mm。

➤ 左边界线和右边界线：设置左右边界线的开关，默认值为开，图 5-31 所示为边界线参数的图例。

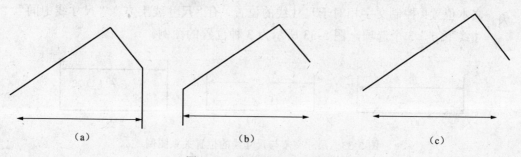

图 5-31　边界线参数的图例
（a）左边界线关；（b）右边界线关；（c）左右边界线都关

（3）箭头相关：可以设置尺寸箭头的大小与样式，默认样式为"箭头"，软件还提供了"斜线"、"圆点"的样式。

注意　标注时，箭头可根据需要选择归内还是归外。

----

2. 文本

在"编辑风格-标准"对话框中选择"文本"选项卡，从中可设置文本风格与尺寸线的参数关系，如图 5-32 所示。

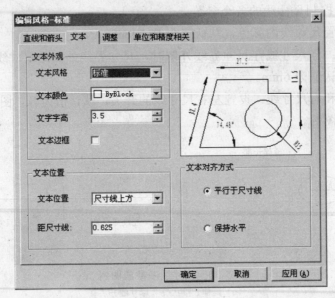

图 5-32　文本设置

（1）文本外观：设置尺寸文本的文字风格。

➤ 文本风格：与软件的文本风格相关联，具体的操作方法在 5.7 节已讲解。

➤ 文本颜色：设置文字的字体颜色，默认值为 ByBlock。

➤ 文字字高：控制尺寸文字的高度，默认值为 3.5。

➤ 文字边框：为标注字体加边框。

（2）文本位置：控制尺寸文本与尺寸线的位置关系。

➤ 文本位置：控制文字相对于尺寸线的位置，有"尺寸线上方"、"尺寸线中间"、"尺寸线下方" 3 个选项，图 5-33 所示为 3 种位置的图例。

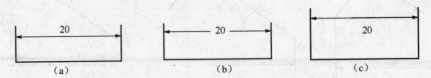

图 5-33　尺寸文本与尺寸线的位置关系图例
（a）尺寸线上方；（b）尺寸线中间；（c）尺寸线上方

➤ 距尺寸线：控制文字距离尺寸线位置，默认为 0.625mm。

（3）文本对齐方式：用于设置文字的对齐方式，这里不再赘述。

3. 调整

在"编辑风格-标准"对话框中选择"调整"选项卡，如图 5-34 所示，从中可设置文字与箭头的关系以使尺寸线的效果最佳。

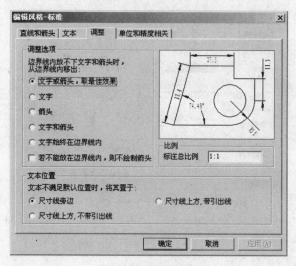

图 5-34 调整设置

（1）调整选项：设置根据两条尺寸界线间的距离确定文字和箭头位置的方式。

➢ "文字或箭头，取最佳效果"：尽可能地将文字和箭头放在尺寸界线内，以达到最佳效果。

➢ "文字"：只将文字从尺寸边界线中移出。

➢ "箭头"：只将箭头从尺寸边界线中移出。

➢ "文字和箭头"：将文字和箭头从尺寸边界线中移出。

➢ "文字始终在边界线内"：无论什么情况，将文字放在尺寸界线内。

➢ "若不能放在边界线内，则不绘制箭头"：如果尺寸界线内没有足够空间，则不绘制箭头，仅绘制文字，文字的放置方式由上面的选择决定。

（2）文本位置：设置文本不满足默认位置时的放置方式。

➢ "尺寸线旁边"：将文字放置在尺寸线旁边。

➢ "尺寸线上方，带引出线"：将文字放置在尺寸线上边，创建文字到尺寸线的引线。

➢ "尺寸线上方，不带引出线"：将文字放置在尺寸线上边，不创建文字到尺寸线的引线。

（3）比例：设置所有标注样式的比例，标准总比例默认为 1:1。

4. 单位和精度相关

在 "编辑风格-标准" 对话框中选择 "单位和精度相关" 选项卡，从中可设置标注的精度与显示单位，如图 5-35 所示。

（1）线性标注。

➢ 精度：在尺寸标注里数值的精确度，可以精确到小数点后 7 位。

➢ 小数分隔符：小数点的表示方式，分为逗点、逗号、空格 3 种。

➢ 偏差精度：尺寸偏差的精确度，可以精确到小数点后 5 位。

➢ 度量比例：标注尺寸与实际尺寸的比值。默认值为 1:1。例如，比例为 2 时，直径为 5 的圆，标注直径结果为 $\phi 10$。

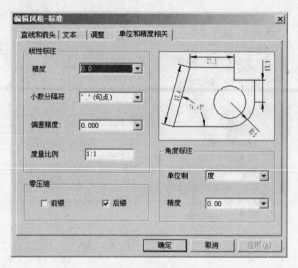

图 5-35　单位和精度相关设置

（2）零压缩。

指尺寸标注中小数的前后 0 的消除方式。

➢　前缀：消除数字前面的 0。

➢　后缀：消除数字后面的 0。

例如，尺寸值为 0.901，精度为 0.00，选中"前缀"复选框，则标注结果为.90；选中"后缀"复选框，则标注结果为 0.9。

（3）角度标注。

➢　单位制：角度标注的单位形式，包含"度"、"度分秒"两种形式。

➢　精度：角度标注的精确度，可以精确到小数点后 5 位。

5.8.2　新建标注风格

单击"新建"按钮，可弹出"新建风格"对话框，如图 5-36 所示。

➢　新建风格名：为新建标注风格起名。

➢　基准风格：为新建标注风格选择类似标注基准。

单击"下一步"按钮可进入标注风格的设置，具体的
参数设置可以参照上面的介绍进行。

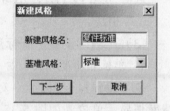

5.9　剖面图案

图 5-36　"新建风格"对话框

剖面图案实际指的是剖面线中剖面的特征。"剖面图案"命令的作用是设置或者编辑剖面图案。

进行剖面图案设置的操作步骤如下。

（1）选择"格式"→"剖面图案"命令，或者直接在命令栏输入剖面图案的命令名 hpat，弹出如图 5-37 所示的对话框。如对话框中所示，系统提供了一系列可供选择的剖

面图案，以适应工程图中的不同情况和不同行业中的特殊需要，如土木建筑等。

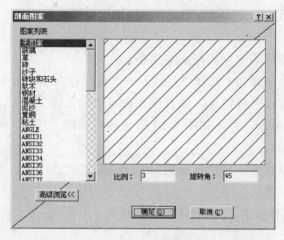

图 5-37　剖面图案选择

（2）单击"高级浏览"按钮，可以浏览所有剖面图案，如图 5-38 所示。

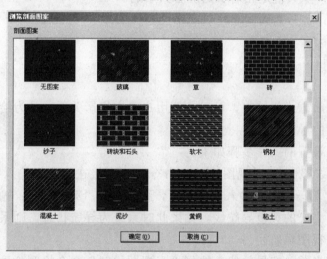

图 5-38　浏览所有剖面图案

（3）设置剖面图案的操作顺序如下。

①在图 5-37 所示的对话框中滚动滚动条，在"图案列表"列表框中选取剖面图案，在右边的预显框中将显示该剖面图案。

②修改比例、旋转角（如预设置值不等于默认值）。

③单击"确定"按钮，确认此次设置；单击"取消"按钮，将放弃此次设置。

注意　当剖面图案选择"无图案"时，系统恢复初始剖面图案。选中已经绘制好的剖面线，右击，在弹出的菜单中选择"编辑剖面线"命令，可以弹出"剖面图案"对话框，从中可对剖面线进行编辑，可以修改剖面线的比例、旋转角、间距，也可以重新选择剖面图案。

5.10　设置点样式

设置点样式即设置屏幕中点的样式与大小。

设置点样式的操作步骤为：选择"格式"→"设置点大小"命令，或单击"设置工具"工具栏中的"设置点大小"按钮，或直接在命令栏输入设置点样式的命令名 ddptype，弹出如图 5-39 所示的对话框，从中进行相应的设置即可。

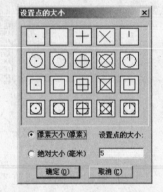

从以上对话框可以看出该对话框分为"点的样式"与"点的大小"两部分。

（1）点的样式。软件提供了 20 种不同点的样式，以适应用户的需求。

（2）点的大小。

➢　像素大小：像素值是相对于的屏幕大小的。

➢　绝对大小：实际点的大小是以毫米为单位的。

图 5-39　设置点的大小

5.11　视图导航

视图导航是导航方式的扩充，可以方便用户确定投影关系，是为绘制三视图或多视图提供的一种更方便的导航方式。

进行视图导航设置的操作步骤如下。

（1）选择"格式"→"三视图导航"命令，或直接在命令栏输入视图导航的命令名 guide，系统提示"第一点："；输入第一点后，系统提示"第二点："；输入第二点后，屏幕上画出一条 45°或 135°的黄色导航线。如果此时系统为导航状态，则系统将以此导航线为视图转换线进行三视图导航。

（2）如果系统当前已有导航线，选择"三视图导航"命令将删除导航线，取消三视图导航操作。下次再选择"三视图导航"命令，系统将提示"第一点<右键恢复上一次导航线>："，右击将恢复上一次导航线。可用功能键 F7 实现三视图导航的切换。

5.12　系统配置

系统配置功能是对系统常用参数和系统颜色进行设置，以便在每次进入系统时有一个默认的设置。其内容包括参数设置和颜色设置两类。用户可以直接把适合本单位绘图规则的模板作为默认模板。

要进行系统配置操作，可选择"工具"→"选项"命令，或者直接在命令栏输入系统配置的命令名 syspara，弹出如图 5-40 所示的"系统配置"对话框。该对话框有"参数设置"、"颜色设置"、"文字设置"和"DWG 接口设置"4 个选项卡。

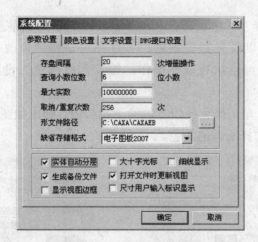

图 5-40 "系统配置"对话框

（1）参数设置。设置系统的存盘间隔、查询结果小数位数的长度以及系统的最大实数。

➤ 存盘间隔：存盘间隔以增删操作为单位。当系统记录的增删操作次数达到所设置的值时，将自动把当前的图形存储在 temp 目录下的 tmp0000.exb 文件中。此项功能可以避免在系统非正常退出的情况下丢失图形信息。其有效范围为 0～900000000。

➤ 查询小数位数：指在进行查询操作时输出结果的小数位数，修改此值可以适应不同查询精度的需要。其有效范围为 0～15。

➤ 最大实数：系统即时菜单中所允许输入的最大实数。

➤ 取消/重复次数：设置系统操作的最大"取消/重复"数。

➤ 形文件路径：设置在读取 AutoCAD 文件时提示打开形文件的默认路径。

➤ 缺省存储格式：可以设置电子图板保存时默认的存储格式。

➤ 实体自动分层：可以自动把中心线、剖面线、尺寸标注等放在各自对应的层。

➤ 生成备份文件：在每次修改后自动生成.bak 文件。

➤ 显示视图边框：选中该复选框则读入的每个视图都有一个绿色矩形边框。

➤ 大十字光标：选择 EB97/98/2000 的大十字光标。

➤ 打开文件时更新视图：选中该复选框则打开视图文件，系统自动根据三维文件的变化对各个视图进行更新。

➤ 尺寸用户输入标识显示：尺寸标注时如果不用系统测量的实际尺寸，而是强行输入尺寸值，可以用这个选项将其标识出来。标识的方法如图 5-41 所示。

➤ 细线显示：选中该复选框则读入的视图均用细实线显示。

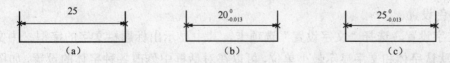

图 5-41 尺寸用户输入标识显示

（a）仅尺寸强行输入用绿色星号；（b）仅公差强行输入用黄色星号；（c）尺寸和公差都强行输入用红色星号

（2）颜色设置。选择"颜色设置"选项卡，其中显示出当前坐标系、非当前坐标系、当前绘图区、拾取加亮以及光标的颜色。可以在对话框中修改各项颜色的设置，如图 5-42 所示，在对话框中可以执行以下操作：设置常用颜色、设置更多颜色和恢复缺省颜色。

> 设置常用颜色：单击颜色按钮右侧的下拉箭头，弹出如图 5-43 所示的常用颜色列表，从中可以选择所需的颜色。

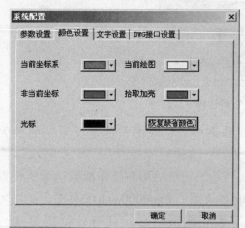

图 5-42　颜色设置　　　　　　　　　　　　　　图 5-43　颜色选择

> 设置更多颜色：单击颜色按钮，或者在弹出的常用颜色列表中单击"更多颜色"按钮，可以弹出如图 5-44 所示的 Windows 标准颜色设置对话框，在该对话框中可以选择更多的颜色，另外还可以自己配置自定义颜色。

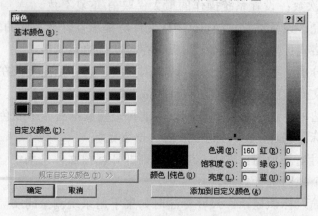

图 5-44　自定义颜色

> 恢复缺省颜色：在对话框中单击"恢复缺省颜色"按钮，可以恢复到系统默认的颜色设置。

（3）文字设置。选择"文字设置"选项卡，其中显示出标题栏文字的字型、中文默认字体、西文默认字体和文字显示最小单位，可以在对话框中修改各种字体的设置，如图 5-45 所示。

（4）DWG 接口设置。选择"DWG 接口设置"选项卡，从中可设置读入和输出 DWG 文件的参数，如图 5-46 所示。

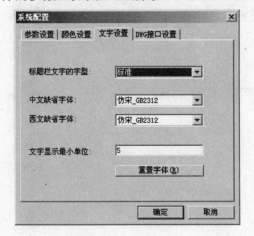

图 5-45　文字设置

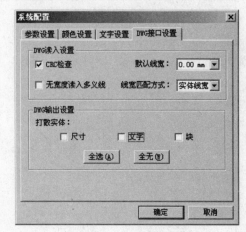

图 5-46　DWG 接口设置

- DWG 读入设置。
- ➢ CRC 检查：读入 DWG 文件时是否进行 CRC 检查。
- ➢ 默认线宽：采用 DWG 文件中默认的线宽。
- ➢ 无宽度读入多义线：读入的多义线的宽度为零。
- ➢ 线宽匹配方式：可以使用按实体线宽和按颜色匹配线宽两种方式。
- DWG 输出设置。输出 DWG 是否打散实体，可以打散的实体包括尺寸、文字和块。

5.13　界面操作

界面操作即对用户界面进行操作，界面操作的命令包括：恢复老面孔（显示新面孔）、界面重置、加载界面配置、保存界面配置，如图 5-47 所示。

（1）恢复老面孔（显示新面孔）。选择"恢复老面孔"命令，将界面恢复成为 EB97/98/2000 的界面，"界面操作"子菜单中的该项变为"显示新面孔"，同样单击该项可以回到新界面。老界面如图 5-48 所示。

（2）界面重置。选择该项，将界面恢复成为软件的出厂设置界面。

（3）加载界面配置。选择该项，将用户保存的自定义界面文件加载调用。

（4）保存界面配置。选择该项，将用户自定义的操作界面进行保存，保存文件后缀名为.uic。

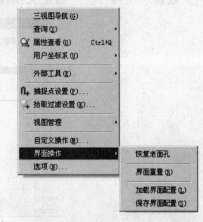

图 5-47　"界面操作"子菜单

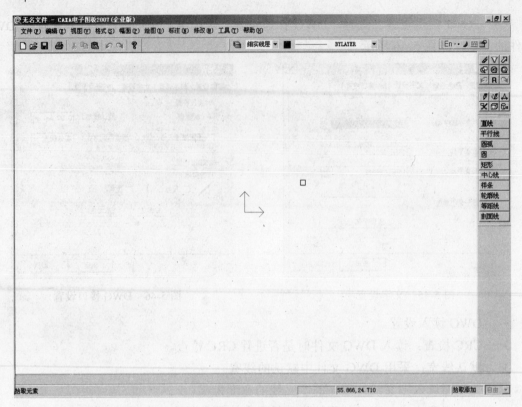

图 5-48 老界面图样

5.14 界面定制

考虑到不同用户的工作习惯不同、工作重点不同、熟练程度不同，CAXA 电子图板改变以往的界面布局，使用最新流行界面，并且新增了界面定制功能，通过界面定制功能，可以根据自己的喜好定制工具条、外部工具栏、快捷键、键盘命令和菜单等。

选择"工具"→"自定义操作"命令，可弹出如图 5-49 所示的"自定义"对话框。

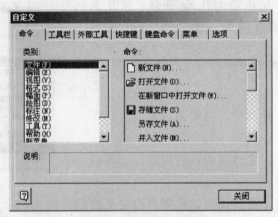

图 5-49 "自定义"对话框

5.14.1 菜单定制

可以定义符合自己的使用习惯的菜单。

在"自定义"对话框中选择"菜单"选项卡，如图 5-50 所示。

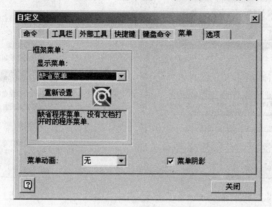

图 5-50 菜单定制

在"框架菜单"选项组的"显示菜单"下拉列表框中选择需要的选项，或单击"重新设置"按钮，进行菜单的设置。在设置菜单时，还可以定义菜单阴影和菜单动画等。系统提供了 3 种菜单动画方式："无"、"展开"和"滑动"。

5.14.2 工具栏定制

可以根据自己的使用习惯定制工具栏。

选择"自定义"对话框中的"工具栏"选项卡，如图 5-51 所示，可以根据自己的使用特点选择工具栏的内容，如果有特殊需要，还可以新建自定义的工具条。

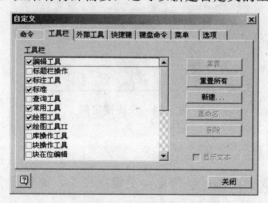

图 5-51 工具栏定制

5.14.3 外部工具定制

在 CAXA 电子图板中，通过外部工具定制功能，可以把一些常用的工具集成到电子图板中，方便使用。

选择"自定义"对话框中的"外部工具"选项卡，如图 5-52 所示。"菜单目录"列表框中的内容可以在主菜单的"工具"→"外部工具"子菜单（图 5-53）中看到并可以直接运行这些工具。

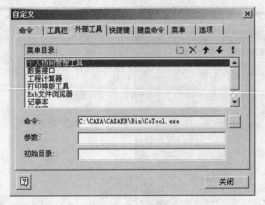 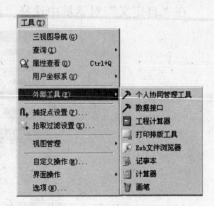

图 5-52　外部工具定制方法一　　　　　　　　图 5-53　外部工具定制方法二

5.14.4　快捷键定制

在 CAXA 电子图板中，可以为每一个命令指定一个或多个快捷键，从而可以通过快捷键来提高工作效率。快捷键定制的界面如图 5-54 所示。

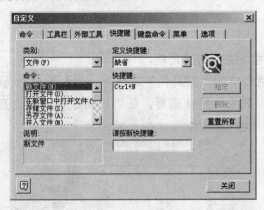

图 5-54　快捷键定制

5.14.5　键盘命令定制

在 CAXA 电子图板中，还可以指定一个键盘命令。键盘命令定制的界面如图 5-55 所示。

注意　键盘命令不同于快捷键，快捷键只能使用一个键（可以同时包含功能键 Ctrl 和 Alt），按完快捷键以后立即响应，执行命令；而键盘命令可以由多个字符所组成，不区分大小写，输入键盘命令以后需要按空格键或回车键才能执行命令。由于所能定义的快捷键比较少，因此键盘命令是快捷键的补充，两者相辅相成，可以大大提高工作效率。

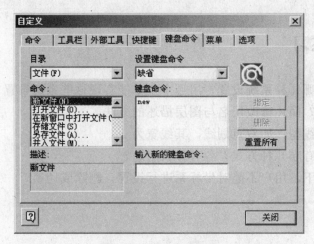

图 5-55　键盘命令定制

5.14.6　改变菜单和工具栏中按钮的外观

在 CAXA 电子图板中除了可以改变菜单和工具栏中的内容以外，还可以改变菜单和工具栏中按钮的外观。其操作步骤如下。

（1）选择"工具"→"自定义操作"命令，弹出"自定义"对话框；选择要改变按钮样式的菜单命令或工具栏中的按钮，右击，弹出如图 5-56 所示的快捷菜单。

（2）在快捷菜单中选择"定义按钮样式"命令，弹出如图 5-57 所示的对话框。

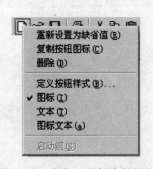

图 5-56　改变工具栏中按钮外观菜单

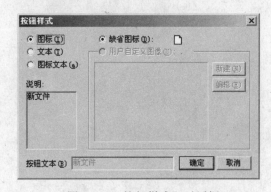

图 5-57　"按钮样式"对话框

（3）在该对话框中可以进行以下操作：改变显示方式、改变按钮图标、改变显示文本、新建按钮图标和编辑按钮图标。

5.15　本章小结

本章介绍了 CAXA 电子图板的系统设置，包括系统层、线型、颜色、捕捉点、用户坐标、文本风格、标注风格、剖面图案、点样式和界面的设置。用户可以对系统中各类参数和条件重新设置，以使其更加符合自己的专业要求。

5.16   思考与练习

1. 本章介绍了哪几种系统设置？用哪个菜单能实现这些系统设置？
2. 什么是图层？简述修改层名与图层描述的方法。
3. 定义一种新线型，如双点划线，其线宽为 2。
4. 屏幕点捕捉有哪几种方式？各有什么用途？
5. 在什么情况下，用户不能对坐标系进行设置、删除或切换？

本章要点

➢ 曲线的裁剪
➢ 曲线的过渡
➢ 曲线的齐边、打断和拉伸
➢ 曲线的平移、旋转
➢ 镜像、阵列
➢ 比例缩放、局部放大

本章导读

➢ 基础内容：熟悉 CAXA 电子图板所有的曲线编辑功能，了解每个功能不同的使用
方式，以及具体的使用方法。
➢ 重点掌握：本章重点讲解了曲线的裁剪、过渡、齐边、打断、拉伸、平移、旋转、
镜像和阵列等功能，这些功能在图形绘制中要经常用到，要求重点掌握。
➢ 一般了解：本章所讲解的内容，在图形绘制中具有非常重要的作用，都需要掌握，
没有一般了解的内容。

6.1 曲线的裁剪

裁剪即用给定的曲线对指定的曲线（称为被裁剪线）进行修整，删除不需要的部分，
得到新的曲线。在 CAXA 电子图板中，裁剪的方法有"快速裁剪"、"拾取边界"和"批量
裁剪"三种。

选择"裁剪"命令有以下 3 种途径。

（1）选择"修改"→"裁剪"命令。

（2）在工具栏中单击"裁剪"按钮。

（3）直接在命令栏输入裁剪的命令名 trim。

采取以上任一种方法后，出现如图 6-1 所示的立即菜单。

图 6-1 "裁剪"立即菜单

下面介绍裁剪命令的 3 种使用方式。

6.1.1 "快速裁剪"方式

"快速裁剪"方式即用鼠标直接拾取被裁剪的曲线，系统自动判断边界并做出裁剪响应，系统视裁剪边界为与被裁剪曲线相交的直线。

这种绘制方式的操作步骤如下。

（1）选择"修改"→"裁剪"命令或在"编辑工具"工具栏中单击"裁剪"按钮，或者直接在命令栏输入快速裁剪的命令名 trim。

（2）系统进入默认的快速裁剪方式。快速裁剪时，允许用户在各交叉曲线中进行任意裁剪的操作。其操作方法是直接用鼠标拾取要被裁剪掉的线段，系统根据与该线段相交的曲线自动确定裁剪边界，单击后，将被拾取的线段裁剪掉。如图 6-2 所示为"快速裁剪"示例。

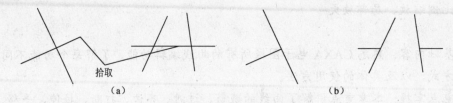

图 6-2 "快速裁剪"示例

（a）裁剪前；（b）裁剪后

注意 "快速裁剪"方式在相交较简单的边界情况下可发挥巨大的优势，它具有很强的灵活性，在实践过程中熟练掌握将大大提高工作效率。但这仅仅是对简单情况而言的，对于复杂的边界情况快速裁剪就不是很有效了。

6.1.2 "拾取边界"方式

"拾取边界"方式即拾取一条或多条曲线作为剪刀线，构成裁剪边界，对一系列被裁剪的曲线进行裁剪。系统将裁剪掉拾取到的曲线段至边界部分，在剪刀线另一侧的曲线段被保留。

这种绘制方式的操作步骤如下。

（1）在裁剪立即菜单中选择"拾取边界"方式。

（2）按提示要求，用鼠标拾取一条或多条曲线作为剪刀线，右击确认。此时，操作提示变为"拾取要裁剪的曲线"。用鼠标拾取要裁剪的曲线，系统将裁剪掉前面拾取的曲线段至边界部分，保留边界另一侧的部分。如图 6-3 所示为"拾取边界"方式裁剪示例。

注意 "拾取边界"方式可以在选定边界的情况下对一系列的曲线进行精确的裁剪，对于复杂的边界情况可以有效地进行操作。但对于如图 6-4（a）所示的情况，要裁剪虚线圆外的所有线段，选用"拾取边界"方式效率并不高，这时需要用到"批量裁剪"方式。

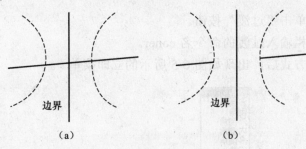

图 6-3 "拾取边界"方式裁剪

（a）裁剪前；（b）裁剪后

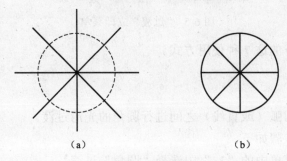

图 6-4 示例图

（a）裁剪前；（b）裁剪后

6.1.3 "批量裁剪"方式

"批量裁剪"方式指快速裁剪大量的曲线，而且这些曲线需要裁剪的部分都在剪刀曲线的一边。

这种绘制方式的操作步骤如下。

（1）在裁剪立即菜单中选择"批量裁剪"方式。

（2）根据系统提示，拾取剪刀链。

（3）用窗口拾取要裁剪的曲线，右击确认。

（4）选择要裁剪的方向，裁剪完成。

注意 "批量裁剪"方式需要拾取一条剪刀链。剪刀链可以是一条曲线，也可以是首尾相连的多条曲线。因此，该方式不能用于边界太复杂的情况。

6.2 曲线的过渡

在 CAXA 电子图板中，过渡功能包含圆角、尖角、倒角等功能。过渡有"圆角过渡"、"多圆角过渡"、"倒角过渡"、"外倒角过渡"、"内倒角过渡"、"多倒角过渡"和"尖角过渡"7 种方式。

选择"过渡"命令有以下几种途径。

（1）选择"修改"→"过渡"命令。

（2）在工具栏中单击"过渡"按钮。

（3）直接在命令栏输入过渡的命令名 coner。

采取以上任一种方式后，出现如图 6-5 所示的立即菜单。

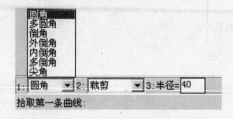

图 6-5 "过渡"立即菜单

下面介绍过渡命令的这 7 种使用方式。

6.2.1 圆角过渡

圆角过渡即在两圆弧（或直线）之间进行圆角的光滑过渡。

圆角过渡的操作步骤如下。

（1）在过渡立即菜单中的"1："中选择"圆角"过渡。

（2）单击立即菜单中的"2："，弹出一个选项菜单，单击可以对其进行裁剪方式的切换。其中各选项的含义如下。

➢ 裁剪：裁剪掉过渡后所有边的多余部分。

➢ 裁剪始边：只裁剪掉起始边的多余部分。起始边也就是用户拾取的第一条曲线。

➢ 不裁剪：执行过渡操作以后，原线段保留原样，不被裁剪。

（3）单击立即菜单中的"3：半径"后，可按照提示输入过渡圆弧的半径值。

（4）按当前立即菜单的条件及操作和提示要求，用鼠标拾取待过渡的两条曲线，此时，在两条曲线之间有一个圆弧光滑过渡。

注意 用鼠标拾取的曲线位置不同会得到不同的结果，如图 6-6 所示，选取"圆角-裁剪"方式，出现不同的结果。

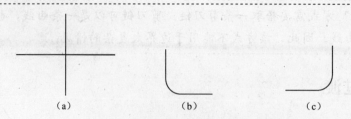

（a） （b） （c）

图 6-6 拾取位置不同的结果比较

（a）原图；（b）拾取上边、右边；（c）拾取上边、左边

6.2.2 多圆角过渡

多圆角过渡即用给定半径过渡一系列首尾相连的直线段。

多圆角过渡的操作步骤如下。

（1）在过渡立即菜单中的"1："中选择"多圆角"过渡。

（2）在立即菜单中的"2：半径"，按操作提示可输入一个实数，确定过渡圆弧的半径。

（3）按当前立即菜单的条件及操作提示的要求，用鼠标拾取待过渡的一系列首尾相连的直线，即可进行过渡，如图 6-7 所示。

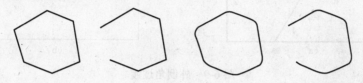

图 6-7　多圆角过渡

注意　这一系列首尾相连的直线可以是封闭的，也可以是不封闭的。

6.2.3　倒角过渡

倒角过渡指在两直线间进行倒角过渡。直线可被裁剪或向角的方向延伸。

倒角过渡的操作步骤如下。

（1）在过渡立即菜单中的"1："中选择"倒角"过渡。

（2）在过渡立即菜单中的"2："中选择裁剪的方式，操作方法及各选项的含义与 6.2.1 节中所介绍的一样。

（3）在立即菜单中的"3：长度"和"4：倒角"中输入长度与角度的值。

➤ "轴向长度"指从两直线的交点开始，沿所拾取的第一条直线方向的长度。

➤ "角度"指倒角线与所拾取第一条直线的夹角，其范围是（0，180）。

（4）若需倒角的两直线已相交，则拾取两直线后，立即作出一个由给定长度、给定角度确定的倒角；若待作倒角过渡的两条直线没有相交，则拾取两条直线以后，系统自动计算交点的位置，并将直线延伸，再作出倒角，如图 6-8 所示。

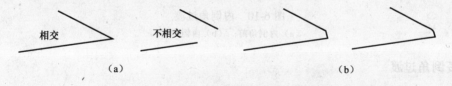

相交　　　　　　不相交

（a）　　　　　　　　　　　（b）

图 6-8　倒角过渡
（a）倒角前；（b）倒角后

注意　与圆角过渡方式相同，倒角过渡时用鼠标选取的曲线位置不同也会得到不同的结果。

6.2.4　外倒角过渡

外倒角过渡用于对轴端等有 3 条相垂直的直线进行倒角过渡。

外倒角过渡的操作步骤如下。

（1）在过渡立即菜单中的"1："中选择"外倒角"过渡。

（2）在立即菜单中的"2："和"3："中输入倒角的长度与角度值。

（3）根据系统提示，选择 3 条相互垂直的直线，即可完成外倒角过渡，如图 6-9 所示。

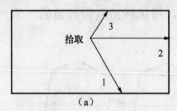 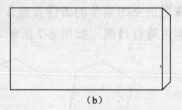

图 6-9　外倒角过渡

（a）外倒角前；（b）外倒角后

6.2.5　内倒角过渡

内倒角过渡用于对孔端等有 3 条相垂直的直线进行倒角过渡。

内倒角过渡的操作步骤如下。

（1）在过渡立即菜单中的"1："中选择"内倒角"过渡。

（2）在立即菜单中的"2："和"3："中输入倒角的长度与角度值。

（3）根据系统提示，选择 3 条相互垂直的直线，即可完成内倒角过渡，如图 6-10 所示。

注意　外倒角和内倒角的结果与 3 条直线拾取的顺序无关，只决定于 3 条直线的相互垂直关系。

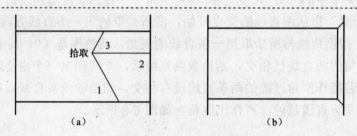

图 6-10　内倒角过渡

（a）内倒角前；（b）内倒角后

6.2.6　多倒角过渡

多倒角过渡用于对多条首尾相连的直线进行倒角过渡。

多倒角过渡的操作步骤如下。

（1）在过渡立即菜单中的"1："中选择"多倒角"过渡。

（2）在立即菜单中的"2："和"3："中输入倒角的长度与角度值。

（3）根据系统提示，选择首尾相连的直线，即可完成多倒角过渡。

注意　多倒角过渡操作方法与多圆角过渡的操作方法十分相似。

6.2.7 尖角过渡

尖角过渡指第一条曲线与第二条曲线的交点处形成尖角过渡，曲线在尖角处可被裁剪或往角的方向延伸。

尖角过渡的操作步骤如下。

（1）在过渡立即菜单中的"1:"中选择"尖角"过渡。

（2）按提示要求连续拾取第一条曲线和第二条曲线后即可完成尖角过渡的操作。

注意 与圆角过渡和倒角过渡相同，尖角过渡时鼠标拾取的位置不同也将产生不同的结果。

6.3 曲线的齐边

齐边指以一条曲线为边界对一系列曲线进行裁剪或延伸。

进行齐边操作的步骤如下。

（1）选择"修改"→"齐边"命令或在"编辑工具"工具栏中单击"齐边"按钮，或者直接在命令栏输入齐边的命令名 edge。

（2）按操作提示拾取剪刀线作为边界，则提示改为"拾取要编辑的曲线"。这时，根据作图需要可以拾取一系列曲线进行编辑修改，右击可结束操作。

（3）如果拾取的曲线与边界曲线有交点，则系统按"裁剪"命令进行操作，即系统将裁剪所拾取的曲线至边界为止。

（4）如果被齐边的曲线与边界曲线没有交点，那么，系统将把曲线按其本身的趋势延伸至边界，如图 6-11 所示。但圆或圆弧可能会有例外，因为它们无法向无穷远处延伸，它们的延伸范围是以半径为限的，而且圆弧只能以拾取的一端开始延伸，不能两端同时延伸。如图 6-12 所示，选择"齐边"命令，圆弧 1 不执行命令，因为该圆弧不可能与剪刀线相交，如图中虚线所示。

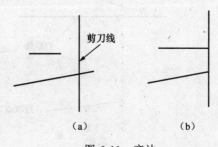

图 6-11 齐边

（a）齐边前的图形；（b）齐边后的图形

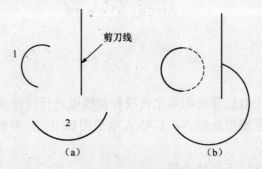

图 6-12 圆弧齐边

（a）齐边前的图形；（b）齐边后的图形

6.4 曲线的打断

曲线的打断指将一条指定曲线在指定点处打断成两条曲线，以便于其他操作。在需要组合或分块时，打断有明显的作用。

进行打断的操作步骤如下。

（1）选择"修改"→"打断"命令或在"编辑工具"工具栏中单击"打断"按钮 ，或者直接在命令栏输入打断的命令名 break。

（2）按提示要求用鼠标拾取一条待打断的曲线，这时，提示改为"选取打断点"；移动鼠标选取或键盘输入打断点，单击确认。

注意 曲线被打断后，屏幕上所显示的与打断前没有什么两样。但实际上，原来的曲线已经变成了两条互不相干的曲线，即各自成为一个独立的实体。

打断点最好选在需打断的曲线上，为作图准确，可充分利用智能点、栅格点、导航点以及工具点菜单。为了方便用户更灵活地使用此功能，电子图板也允许用户把点设在曲线外，其使用规则是：若欲打断线为直线，则系统从用户选定点向直线作垂线，设定垂足为打断点，如图 6-13（a）所示；若欲打断线为圆弧或圆，则从圆心向用户设定点作直线，该直线与圆弧交点被设定为打断点，如图 6-13（b）所示。

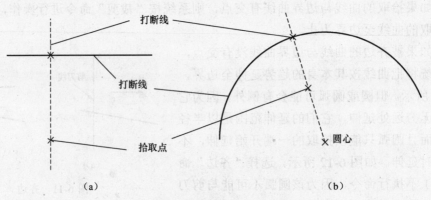

图 6-13 拾取点在曲线外时的打断点设定
（a）打断直线；（b）打断圆弧

6.5 曲线的拉伸

曲线的拉伸主要用于对已存在的单个曲线和曲线组进行拉伸或缩短处理。拉伸的作用在于对已存在的曲线进行变形处理。在 CAXA 电子图板中，拉伸的方法有"单个拾取"和"窗口拾取"两种。

选择"拉伸"命令有以下几种途径。

（1）选择"修改"→"拉伸"命令。

（2）在工具栏中单击"拉伸"按钮 。

（3）直接在命令栏输入拉伸的命令名 streatch。

下面介绍拉伸命令的两种使用方式。

6.5.1 单个拾取

单个拾取拉伸是将单独的一条直线、圆、圆弧或样条线进行拉伸。

进行单个拾取操作的步骤如下。

（1）在立即菜单中的"1："中选择"单个拾取"方式，如图 6-14 所示。

（2）按提示要求用鼠标拾取所要拉伸的直线或圆弧等的一端，移动鼠标至指定位置，单击，则显示一条被拉伸长或缩短了的线段。

图 6-14 "单个拾取"立即菜单

（3）若是对圆弧进行操作，则可以用鼠标选择立即菜单中的"2："，切换弧长拉伸、角度拉伸、半径拉伸和自由拉伸。

➢ 弧长拉伸和角度拉伸时圆心和半径不变，圆心角改变，可以输入新的圆心角。

➢ 半径拉伸时圆心和圆心角不变，半径改变，可以输入新的半径值。

➢ 自由拉伸时圆心、半径和圆心角都可以改变。

除了自由拉伸外，以上所述的拉伸量都可以通过"3："来选择绝对或者增量。绝对指所拉伸图素的整个长度或者角度，增量指在原图素基础上增加的长度或者角度。

本命令可以重复操作，右击可结束操作。

6.5.2 窗口拾取

窗口拾取拉伸指移动窗口内图形的指定部分，即将窗口内的图形一起拉伸。

进行窗口拾取操作的步骤如下。

（1）用鼠标在立即菜单中的"1："中选择"窗口拾取"方式，如图 6-15 所示。

图 6-15 "窗口拾取"立即菜单

（2）按提示要求用鼠标指定待拉伸曲线组窗口中的第一角点，再选择另一角点，可形成一个窗口。

注意 这里窗口的拾取必须从右向左拾取，即第二角点的位置必须位于第一角点的左侧。这一点至关重要，如果窗口不是从右向左选取，则不能实现曲线组的全部拾取。

（3）拾取后，在立即菜单中的"2："中可选择"给定偏移"或者"给定两点"。若选择"给定偏移"，根据系统提示输入 X、Y 方向偏移量或位置点；若选择"给定两点"，根据系统提示，用鼠标拾取两点或依次输入两点坐标。图 6-16 为给定偏移的拉伸，图 6-17 为给定两点的拉伸。

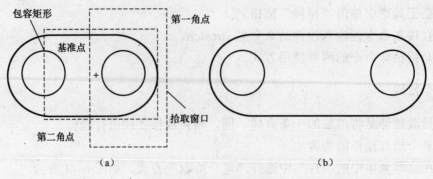

图 6-16　给定偏移的拉伸
（a）拾取操作；（b）拉伸结果

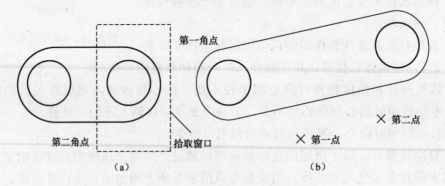

图 6-17　给定两点的拉伸
（a）拾取操作；（b）拉伸结果

注意　"X、Y 方向偏移量"指相对基准点的偏移量，这个基准点是由系统自动给定的。一般说来，直线的基准点在中点处，圆、圆弧、矩形的基准点在中心，而组合实体、样条曲线的基准点在该实体的包容矩形的中心处。

（4）在立即菜单中的"3："中可选择"非正交"、"X 方向正交"和"Y 方向正交"3个选项，通过这 3 个选项可以限定拉伸点的位置。

➢　非正交不限定方向，通过输入数值或者鼠标拾取位置点来确定。

➢　X 方向正交限定拉伸只能在水平方向进行。

➢　Y 方向正交限定拉伸只能在竖直方向进行。

6.6　曲线的平移

曲线的平移指对拾取到的实体进行平移操作。在 CAXA 电子图板中，平移的方法有"给定偏移"和"给定两点"两种。

选择"平移"命令有以下几种途径。

（1）选择"修改"→"平移"命令。

（2）在工具栏中单击"平移"按钮 ⊕。

（3）直接在命令栏输入平移的命令名 move。

下面介绍平移命令的两种使用方式。

6.6.1 给定偏移

给定偏移指用给定的偏移量的方式平移实体。

进行给定偏移的平移步骤如下。

（1）在平移立即菜单中的"1："中选择"给定偏移"方式，如图 6-18 所示。

1: 给定偏移 ▼ 2: 保持原态 ▼ 3: 正交 ▼ 4: 旋转角 0   5: 比例 1
拾取添加

图 6-18 给定偏移立即菜单

（2）在立即菜单中的"2："中选择"保持原态"或"平移为块"，在 "3："中选择"正交"或"非正交"，在"4："和"5："的文本框中分别输入旋转角度和平移比例。其中"旋转角度"是图形在进行复制或平移时实体的旋转角度；"平移比例"是被平移图形的缩放系数。

（3）系统提示"拾取添加"，拾取需要平移的实体，按 Enter 键确认。

（4）系统提示"X 或 Y 方向偏移量"，用键盘输入偏移量或直接用鼠标选取指定的位置即可。

图 6-19 为给定偏移平移的示例。

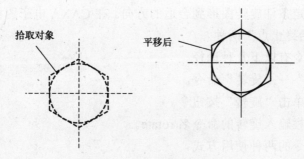

拾取对象   平移后

图 6-19 给定偏移平移示例

6.6.2 给定两点

给定两点指用指定的两点作为平移的位置依据。

进行给定两点的平移步骤如下。

（1）在平移立即菜单中的"1："中选择"给定两点"方式，如图 6-20 所示。

1: 给定两点 ▼ 2: 保持原态 ▼ 3: 非正交 ▼ 4: 旋转角 0   5: 比例 1
拾取添加

图 6-20 给定两点立即菜单

（2）在立即菜单中的"2："中选择"保持原态"或"平移为块"，在 "3："中选择"正交"或"非正交"，在"4："和"5："的文本框中分别输入旋转角度和平移比例。其中"旋转角度"是图形在进行复制或平移时实体的旋转角度;"平移比例"是被平移图形的缩放系数。

（3）系统提示"拾取添加",拾取需要平移的实体,按 Enter 键确认。

（4）系统提示"第一点",用键盘输入点坐标或直接用鼠标选取指定的位置;系统提示"第二点",用键盘输入点坐标或直接用鼠标选取指定的位置即可。

图 6-21 为给定两点平移的示例。

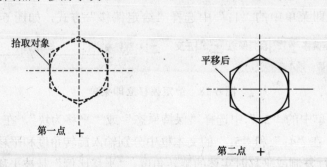

图 6-21　给定两点平移示例

6.7　曲线的旋转

曲线的旋转指给定条件旋转图形到合适的方向。在 CAXA 电子图板中,旋转的方法有"旋转角度"和"起始终止点"两种。

选择"旋转"命令有以下几种途径。

（1）选择"修改"→"旋转"命令。

（2）在工具栏中单击"旋转"按钮 ⬡。

（3）直接在命令栏输入旋转的命令名 rotate。

下面介绍旋转命令的两种使用方式。

6.7.1　旋转角度

"旋转角度"指直接输入角度进行旋转。

进行给定旋转角度旋转的操作步骤如下。

（1）在平移立即菜单中的"1:"中选择"旋转角度"方式,如图 6-22 所示。

图 6-22　"旋转角度"立即菜单

（2）在立即菜单中的"2:"中选择"旋转"或"拷贝",在"3:"中选择"正交"或"非正交"。

➢ "旋转"指操作完成后,被拾取的原图形被删除。

➤ "拷贝"指操作完成后，被拾取的原图形仍保留。

➤ "正交"指旋转角度始终是 90°。

➤ "非正交"指可以随意输入旋转角度。

（3）系统提示"拾取添加"，拾取需要旋转的图形，可以是多个，拾取完成后右击确认按钮。

（4）系统提示拾取"基点"，移动鼠标拾取旋转基点；按提示输入旋转角度，或用鼠标在屏幕上动态旋转所选取的图形至需要的角度后单击"确定"按钮。

图 6-23 为旋转角度旋转的示例。

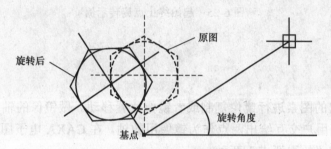

图 6-23 旋转角度旋转的示例

6.7.2 起始终止点

"起始终止点"方式指给定起始点、终止点进行旋转。

进行给定起始点终止点旋转的操作步骤如下。

（1）在平移立即菜单中的"1："中选择"起始终止点"方式，如图 6-24 所示。

图 6-24 "起始终止点"立即菜单

（2）在立即菜单中的"2："中选择"旋转"或"拷贝"，在"3："中选择"正交"或"非正交"。

➤ "旋转"指操作完成后，被拾取的原图形被删除。

➤ "拷贝"指操作完成后，被拾取的原图形仍保留。

➤ "正交"指旋转角度始终是 90°。

➤ "非正交"指可以随意输入旋转角度。

（3）系统提示"拾取添加"，拾取需要旋转的图形，可以是多个，拾取完成后右击确认。

（4）系统提示拾取"基点"，移动鼠标拾取旋转基点；按提示拾取起始点和终止点，终止点与基点的连线和起始点与基点的连线的夹角为旋转角度。

图 6-25 为起始终止点旋转的示例。

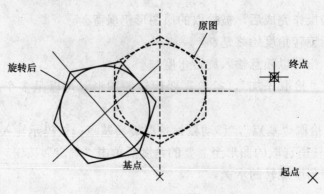

图 6-25   起始终止点旋转示例

6.8   镜像

镜像指对拾取的图素进行镜像复制或者镜像位置移动。做镜像的轴可以利用图上已有的直线，也可以由用户交互给出两点作为镜像用的轴。在 CAXA 电子图板中，镜像的方法有"选择轴线"和"拾取两点"两种。

选择"镜像"命令有以下几种途径。

（1）选择"修改"→"镜像"命令。

（2）在工具栏中单击"镜像"按钮⚓。

（3）直接在命令栏输入镜像的命令名 mirror。

下面介绍镜像命令的两种使用方式。

6.8.1   选择轴线

"选择轴线"指通过选取的轴线镜像图形。

进行选择轴线镜像的操作步骤如下。

（1）在立即菜单中的"1："下拉列表框中选择"选择轴线"方式，如图 6-26 所示。

图 6-26   "选择轴线"立即菜单

（2）在立即菜单中的"2："中选择"拷贝"或"镜像"方式。

➤ "拷贝"指被拾取的图形在镜像后仍然被保留。

➤ "镜像"指被拾取的图形在镜像后被删除。

（3）系统提示"拾取添加"，拾取需要镜像的图形，拾取完毕，右击结束；系统提示"选择轴线"，拾取轴线，右击结束镜像，系统生成以镜像轴为对称轴的新图形。

如图 6-27 所示为选择轴线镜像的示例。

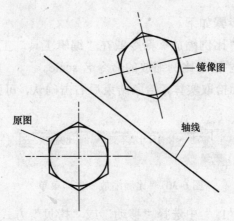

图 6-27 选择轴线镜像示例

6.8.2 拾取两点

"拾取两点"指通过选取两点的连线作为轴线镜像图形。

进行拾取两点镜像的操作步骤如下。

（1）在立即菜单中的"1："下拉列表框中选择"拾取两点"方式，如图 6-28 所示。

图 6-28 "拾取两点"立即菜单

（2）在立即菜单中的"2："中选择"拷贝"或"镜像"方式。

（3）系统提示"拾取添加"，拾取需要镜像的图形，拾取完毕，右击结束；系统提示"第一点"，拾取镜像轴线上的第一点；系统提示"第二点"，拾取镜像轴线上的第二点，系统生成以两点连线为对称轴的新图形。

如图 6-29 所示为拾取两点镜像的示例。

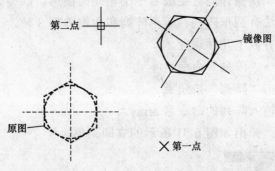

图 6-29 拾取两点镜像示例

6.9 比例缩放

比例缩放是对拾取的实体按照给定的比例进行缩小或放大。

进行比例缩放的操作步骤如下。

（1）选择"修改"→"比例缩放"命令或在"编辑工具"工具栏中单击"比例缩放"按钮 ，或者直接在命令栏输入比例缩放的命令名 scale。

（2）按操作提示用鼠标拾取实体，拾取结束后右击确认，可弹出如图 6-30 所示的立即菜单。

图 6-30 "比例缩放"立即菜单

（3）在立即菜单中的"1："中选择"移动"或"拷贝"方式，在"2："中选择"尺寸值不变"或"尺寸值变化"，在"3："中选择"比例变化"或"比例不变"。

➢ "移动"指被拾取的图形在比例缩放后被删除。

➢ "拷贝"指被拾取的图形在比例缩放后仍然保留。

➢ "尺寸值不变"指如果被拾取的图形有标注，在比例缩放后标注的数值不变。

➢ "尺寸值变化"指如果被拾取的图形有标注，在比例缩放后标注的数值变化。

➢ "比例变化"指整个图形比例尺跟着变化。

➢ "比例不变"指整个图形比例尺不变。

（4）系统提示拾取"基点"，用鼠标指定一个比例变换的基点，则系统提示"比例系数"。移动鼠标时，系统自动根据基点和当前光标点的位置来计算比例系数，且动态在屏幕上显示变换的结果。当输入完毕或认为光标位置确定后，单击，一个变换后的图形立即显示在屏幕上。也可直接输入缩放的比例系数。

6.10 阵列

阵列的目的是通过一次操作同时生成若干个相同的图形，以提高作图速度。在 CAXA 电子图板中，阵列的方法有圆形阵列、矩形阵列和曲线阵列 3 种。

选择"阵列"命令有以下几种途径。

（1）选择"修改"→"阵列"命令。

（2）在工具栏中单击"阵列"按钮 。

（3）直接在命令栏输入阵列的命令名 array。

采取任一种方法后，弹出如图 6-31 所示的立即菜单。

图 6-31 "阵列"立即菜单

下面介绍阵列命令的 3 种使用方式。

6.10.1 圆形阵列

所谓圆形阵列，指拾取到的实体以某一点为圆心，沿圆周方向进行复制。

对实体进行圆形阵列的操作步骤如下。

（1）在立即菜单中的"1："中选择"圆形阵列"，弹出如图 6-32 所示的立即菜单。

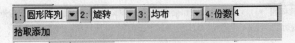

图 6-32 "圆形阵列"立即菜单（一）

（2）在立即菜单中的"2："中选择"旋转"或"不旋转"，它用于决定阵列时产生的图形是否进行旋转。

➢ "旋转"指图形对象沿阵列的圆旋转角度，操作时需要指定圆形阵列的阵列中心。

➢ "不旋转"指图形仅作圆形阵列而不旋转，操作时不仅需要指定圆形阵列的阵列中心，还需要指定图形的阵列基点，图形对象将以基点为基础绕中心进行阵列。

"旋转"与"不旋转"的比较如图 6-33 所示。

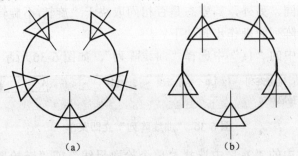

图 6-33 "旋转"阵列与"不旋转"阵列的比较

（a）旋转；（b）不旋转

（3）在立即菜单中的"2："中选择"均布"或"给定夹角"。"均布"指阵列产生的各图形均匀分布在同一圆周上，而且相邻两图之间的夹角都相等。如果选择"均布"方式，在"4：份数"文本框中输入需要的份数；如果选择"给定夹角"，立即菜单变为如图 6-34 所示，在"4：相邻夹角"文本框中输入相邻图形之间的夹角的大小，在"5：阵列填角"文本框中输入阵列填角的大小。

图 6-34 "圆形阵列"立即菜单（二）

注意 阵列填角指圆周排列的全部阵列图形所覆盖的圆心角。

（4）完成上述设置后，当系统提示"拾取元素"时，用鼠标拾取所需的实体，并用鼠标右键或 Enter 键加以确认；系统提示"中心点"时，用鼠标或键盘给出一点。

（5）如果前面选择了"不旋转"，则还需输入基点。

6.10.2 矩形阵列

所谓矩形阵列，指拾取到的实体以行和列的分布形式进行复制。

对实体进行矩形阵列的操作步骤如下。

（1）在立即菜单中的"1："中选择"矩形阵列"，如图 6-35 所示。

| 1：矩形阵列 | 2：行数1 | 3：行间距100 | 4：列数2 | 5：列间距100 | 6：旋转角0 |

拾取添加

图 6-35 "矩形阵列"立即菜单

（2）在立即菜单中的编辑框中按要求输入行数、行间距、列数、列间距和旋转角。

（3）完成上述设置后，当系统提示"拾取元素"时，用鼠标拾取所需的实体，并用鼠标右键或 Enter 键加以确认；系统提示"中心点"时，用鼠标或键盘给出一点。

6.10.3 曲线阵列

曲线阵列就是在一条或多条首尾相连的曲线上生成均布的图形选择集，各图形选择集的结构相同，位置不同，另外，其姿态是否相同取决于"旋转/不旋转"选项。

对实体进行曲线阵列的操作步骤如下。

（1）在立即菜单中的"1："中选择"曲线阵列"，如图 6-36 所示。

| 1：曲线阵列 | 2：单个拾取母线 | 3：旋转 | 4：份数4 |

拾取添加

图 6-36 "曲线阵列"立即菜单

（2）在立即菜单中的"2："中选择"单个拾取母线"或"链拾取母线"，在"3："中选择"旋转"或"不旋转"。

➢ "单个拾取母线"指仅拾取单根母线，阵列从母线的端点开始。可拾取的曲线种类有直线、圆弧、圆、样条线、椭圆、多义线。

➢ "链拾取母线"指可拾取多根首尾相连的母线集，也可只拾取单根母线，阵列从单击的那根曲线的端点开始，链中只能有直线、圆弧或样条线。

注意 单个拾取母线时的多义线，主要是从 AutoCAD 而来。若多义线内的曲线均为直线段，则 EB 能够正常读入为多义线，所以可作为母线；若多义线内存在圆弧，EB 读入时就会把多义线读为块，所以不能作为母线。

（3）在立即菜单中的"4：份数"文本框中输入份数。"份数"表示阵列后生成的新选择集的个数。

注意 特别的，当母线不闭合时，母线的两个端点均生成新选择集，新选择集的总份数不变。

（4）若选择"旋转"，首先拾取选择集1，其次确定基点，然后选择母线，最后确定生成方向,于是在母线上生成了均布的与选择集 1 结构相同但姿态与位置不同的多个选择集;若选择"不旋转",首先拾取选择集 2,其次决定基点,然后选择母线,于是在母线上生成了均布的与选择集 2 结构姿态相同但位置不同的多个选择集。

图 6-37 所示为曲线阵列的示例。

图 6-37　曲线阵列示例

6.11　局部放大

局部放大是用一个圆形窗口或矩形窗口将图形的任意一个局部图形进行放大,在机械图样中会经常使用这一功能。在 CAXA 电子图板中,局部放大的方法有圆形边界和矩形边界两种。

选择"局部放大"命令有以下几种途径。

(1)选择"绘图"→"局部放大"命令。

(2)在工具栏中单击"局部放大"按钮 ⌎。

(3)直接在命令栏输入局部放大的命令名 enlarge。

下面介绍局部放大命令的两种使用方式。

6.11.1　圆形边界

"圆形边界"是用一个圆形窗口将图形的任意一个局部图形进行放大。

进行圆形边界放大的操作步骤如下。

(1)在局部放大立即菜单中的"1:"中选择"圆形边界",如图 6-38 所示。

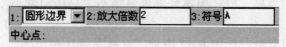

图 6-38　"圆形边界"立即菜单(一)

(2)在立即菜单中的"2:放大倍数"中输入放大比例,在"3:符号"中输入该局部放大图的名称。

(3)当提示"中心点"时,输入局部放大图圆形边界的圆心;当提示"输入半径或圆上一点"时,输入圆形边界的半径或圆上一点。

(4)弹出新的立即菜单,如图 6-39 所示,选择是否加画引线。

(5)系统提示"符号插入点",若不需要标注符号文字,则右击;否则,移动光标到适合的位置后,单

图 6-39　"圆形边界"立即菜单(二)

击可插入局部放大图的名称。

（6）系统提示"实体插入点"，移动鼠标，在绘图区内选择合适的位置输入实体插入点后，即可生成局部放大图。

图 6-40 为圆形边界局部放大的示例。

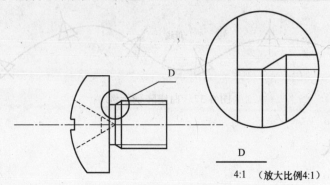

4:1　（放大比例4:1）

图 6-40　圆形边界局部放大

6.11.2　矩形边界

"矩形边界"是用一个矩形窗口将图形的任意一个局部图形进行放大。

进行矩形边界放大的操作步骤如下。

（1）在局部放大立即菜单中的"1："中选择"矩形边界"，如图 6-41 所示。

图 6-41　"矩形边界"立即菜单（一）

（2）在立即菜单中的"2："中选择矩形边框是否可见，在"3：放大倍数"文本框中输入放大比例，在"4：符号"文本框中输入该局部放大图的名称。

（3）当提示"第一角点"时，用鼠标或键盘输入一点；当提示"另一角点"时，用鼠标或键盘输入一点。

（4）弹出新的立即菜单，如图 6-42 所示，选择是否加画引线。

图 6-42　"矩形边界"立即菜单（二）

（5）系统提示"符号插入点"，若不需要标注符号文字，则右击；否则，移动光标到适合的位置后，单击可插入局部放大图的名称。

（6）系统提示"实体插入点"，移动鼠标，在绘图区内选择合适的位置输入实体插入点后，即可生成局部放大图。

图 6-43 为矩形边界局部放大示例。

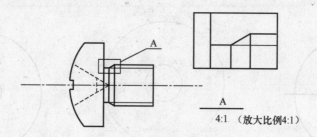

图 6-43　矩形边界局部放大

6.12　操作实例

　　本章的操作实例主要熟悉 CAXA 电子图板的曲线编辑的操作方法,希望读者在操作过程中熟练掌握各种方法。下面练习绘制如图 6-44 所示的图形。

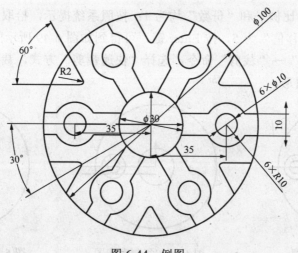

图 6-44　例图

　　具体操作步骤如下。

　　(1) 启动 CAXA 电子图板。

　　(2) 选择"绘图"→"圆"命令,选择"圆心-半径-直径"方式,按照系统提示,用鼠标拾取原点为圆心,或用键盘输入坐标"0, 0",然后输入直径值 100,按 Enter 键。

　　(3) 选择"绘图"→"直线"命令,选择"两点-单个-非正交"方式,键盘输入"0, 0"为第一点,"60, 0"为第二点,按 Enter 键,此时绘制的图形如图 6-45 所示。

　　(4) 选择"修改"→"比例缩放"命令,按照系统提示拾取刚刚绘制的圆,右击确认,弹出立即菜单;选择"拷贝"方式,按系统提示,输入基点坐标"0, 0",按 Enter 键;输入"比例系数"为 0.3,按 Enter 键确认,绘制得到的图形如图 6-46 所示。

　　(5) 按 Enter 键重复"比例缩放"命令,按照上一步骤再绘制两个比例系数分别为 0.2和 0.1 的圆,如图 6-47 所示。

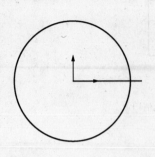
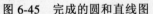
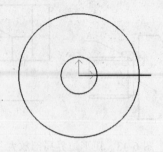
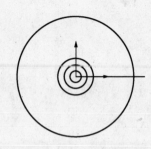

图 6-45 完成的圆和直线图　　　图 6-46 绘制缩小的圆　　　图 6-47 绘制两缩小的圆

（6）选择"修改"→"平移"命令，选择"给定偏移-保持原态-正交"方式，输入"旋转角"为 0，"比例"为 1；按照系统提示，拾取比例系数为 0.1 和 0.2 的小圆，右击确认，输入"偏移值"为 35，按 Enter 键，可得到如图 6-48 所示的图形。

（7）选择"修改"→"复制选择"命令，选择"给定偏移-保持原态-正交"方式，输入"旋转角"为 0，"比例"和"份数"均为 1；按照系统提示，拾取直线，右击确认，选择负方向，输入"偏移值"为 5，按 Enter 键，可得到如图 6-49 所示的图形。

（8）选择"修改"→"裁剪"命令，选择"快速裁剪"方式，裁剪掉多余的线段，得到如图 6-50 所示的图形。

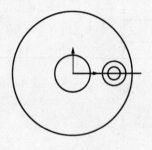
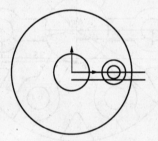
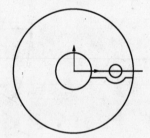

图 6-48 平移圆　　　　　图 6-49 复制直线图　　　　图 6-50 裁剪后的图形

（9）选择"修改"→"镜像"命令，选择"选取轴线-拷贝"方式，按照系统提示，拾取如图 6-51 所示的那部分图形，按 Enter 键，拾取长直线为轴线，可得到如图 6-52 所示的图形。

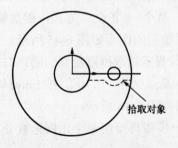

图 6-51 镜像对象图

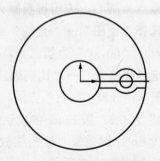

图 6-52 镜像后的图形

（10）选择"修改"→"删除"命令，拾取刚才的镜像轴，右击确认，可得到如图 6-53 所示的图形。

（11）选择"修改"→"阵列"命令，选择"圆形阵列-旋转-均布"方式，输入"份数"为 6，按 Enter 键确认；按系统提示拾取两圆中间的图形，右击确认，拾取坐标原点为中心点，按 Enter 键确认，得到如图 6-54 所示的图形。

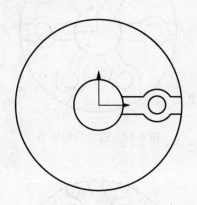
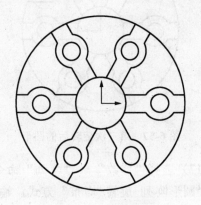

图 6-53　删除后的图形　　　　　　　　图 6-54　阵列后的图形

（12）选择"绘图"→"直线"命令，选择"两点-单个-非正交"方式，输入"35，0"为第一点，"50，0"为第二点，按 Enter 键。

（13）选择"修改"→"旋转"命令，选择"旋转角度-非正交-拷贝"方式，按系统提示拾取刚刚绘制的直线，输入基点为"35，0"，按 Enter 键，输入角度为 30°，按 Enter键结束，得到如图 6-55 所示的图形。

（14）按 Enter 键重复选择"旋转"命令，选择"旋转角度-非正交-旋转"方式，按系统提示拾取刚刚绘制的直线，输入基点为"35，0"，按 Enter 键，输入角度为–30°，按 Enter键结束，得到如图 6-56 所示的图形。

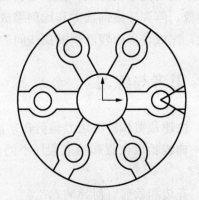

图 6-55　旋转后的图形　　　　　　　　图 6-56　再次旋转后的图形

（15）按 Enter 键重复选择"旋转"命令，选择"旋转角度-非正交-旋转"方式，按系统提示拾取刚刚旋转成的两条直线，输入基点为"0，0"，按 Enter 键，输入角度为 30°，按 Enter 键结束，得到如图 6-57 所示的图形。

（16）选择"修改"→"过渡"命令，选择"圆角过渡-裁剪"方式，输入半径值为2，对刚才旋转的两条直线进行过渡，得到如图 6-58 所示的图形。

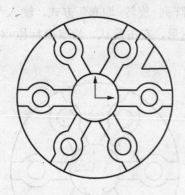

图 6-57　第三次旋转后的图形　　　　　　　图 6-58　圆角后的图形

（17）选择"修改"→"阵列"命令，选择"圆形阵列-旋转-均布"方式，输入"份数"为6，按 Enter 键，拾取倒角的线，选择"0，0"为中心点，按 Enter 键确认，得到如图 6-59 所示的图形。

（18）完成练习，保存文件，退出程序。

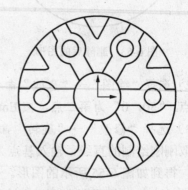

6.13　本章小结

CAXA 电子图板提供了实用、齐全和操作灵活的曲线编辑功能，为用户绘制图

图 6-59　阵列后的图形

形提供了便利的绘图方式。曲线编辑功能包括裁剪、过渡、齐边、打断、拉伸、平移、旋转、镜像、阵列、局部放大和比例缩放等，曲线编辑功能可以删除在作图过程中产生的多余曲线，完成许多比较麻烦的曲线间的过渡等，使用户事半功倍。

6.14　思考与练习

1．快速裁剪和拾取边界裁剪在功能和操作方法上有何异同？

2．曲线拾取位置和拾取顺序不同，对圆角过渡、倒角过渡和尖角过渡的操作结果有何影响？

3．齐边和裁剪有何异同？

4．在圆形阵列中，选择"旋转"和"不旋转"绘制的图形有何区别？

5．简述曲线的旋转、镜像和阵列的操作方法和步骤。

6．利用所学的知识绘制如图 6-60 所示的图形。

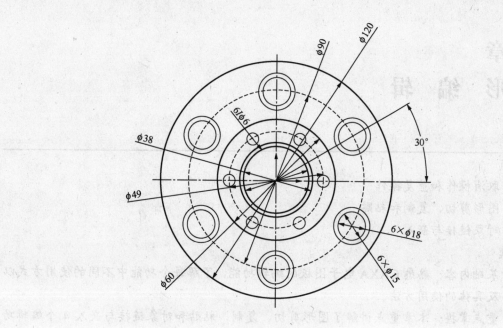

图 6-60　练习 6 图

第 7 章
图 形 编 辑

本章要点

> ➢ 取消操作和重复操作
> ➢ 图形剪切、复制和粘贴
> ➢ 对象链接与嵌入

本章导读

> ➢ 基础内容：熟悉 CAXA 电子图板的编辑功能，了解每个功能中不同的使用方式以及具体的使用方法。

> ➢ 重点掌握：本章重点讲解了图形剪切、复制、粘贴和对象链接与嵌入 4 个编辑功能，这几个命令经常用到，要求重点掌握。

> ➢ 一般了解：本章讲解的编辑功能，在图形绘制中具有非常重要的作用，都需要掌握，没有一般了解的内容。

7.1 取消操作和重复操作

在绘图过程中，难免会出现误操作，为解决这类问题，CAXA 电子图板提供了取消操作和重复操作功能。由于二者是相互关联的一对命令，所以本书特意将它们放在同一节中进行介绍。

7.1.1 取消操作

取消操作即取消最近一次发生的编辑动作。

选择"编辑"→"取消操作"命令或单击"标准"工具栏中的按钮 ↶，或者直接在命令栏输入取消操作的命令名 undo，即可执行本命令。

"取消操作"命令用于取消当前最近一次发生的编辑动作。例如，绘制图形、编辑图形、删除实体、修改尺寸风格和文字风格等。它常用于取消一次误操作。例如，错误地删除了一个图形，即可使用本命令取消删除操作。

注意 "取消操作"命令具有多级回退功能，可以回退至任意一次操作的状态。

7.1.2 重复操作

重复操作是取消操作的逆过程。

选择"编辑"→"重复操作"命令或单击"常用工具"工具栏中的按钮 ↻ ，或者直接在命令栏输入重复操作的命令名 redo，都可以执行"重复操作"命令。

"重复操作"命令用来撤销最近一次的取消操作，即把取消操作进行恢复。重复操作也具有多级重复功能，能够退回（恢复）到任一次取消操作的状态。

注意 重复操作只有与取消操作配合使用才有效。也就是说，只能在执行了取消操作之后，马上执行重复操作，否则系统将提示"系统没有可重复操作！"。

7.2 图形剪切

图形剪切即将选中的图形存入剪贴板中，以供图形粘贴时使用。

进行图形剪切的操作步骤如下。

（1）选择"编辑"→"图形剪切"命令，或者单击"标准"工具栏中的按钮 ✂ ，或者直接在命令栏输入图形剪切的命令名 cut。

（2）系统提示"拾取元素"，拾取所需的元素，右击加以确认。

（3）当提示"请给定图形基点"时，输入合适的一点。此时，所选图形从屏幕中消失并存入剪贴板中。例如，对图 7-1（a）所示的红色虚线部分，如果选择"图形剪切"命令，红色部分将被剪除，如图 7-1（b）所示。

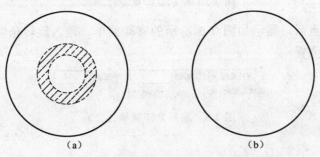

图 7-1　图形剪切
（a）选取红色虚线部分；（b）剪切后的图形

7.3 复制

复制即将选中的图形复制到剪贴板中，以供图形粘贴时使用。

进行复制的操作步骤如下。

（1）选择"编辑"→"复制"命令，或者单击"标准"工具栏中的按钮 🗐 ，或者直接在命令栏输入复制的命令名 copy。

（2）系统提示"拾取元素"，拾取所需的元素，右击加以确认。

（3）当提示"请给定图形基点"时，输入合适的一点。此时，屏幕上似乎看不到什么变化，而实际上所选图形已经复制到了剪贴板中。

> **注意** 复制和 7.2 节中的图形剪切在功能和使用方法上都非常相似，只是图形剪切将图形存入剪贴板的同时，也将屏幕上拾取的图形删除，而复制则不删除。
>
> 复制也区别于曲线编辑中的平移复制，它相当于一个临时存储区，可将选中的图形存储，以供粘贴使用。平移复制只能在同一个电子图板文件内进行复制粘贴，而图形复制与图形粘贴配合使用，除了可以在不同的电子图板文件中进行复制粘贴外，还可以将所选图形送入 Windows 剪贴板，粘贴到其他支持 OLE 的软件（如 Word）中。

7.4 粘贴

粘贴即将剪贴板中存储的图形粘贴到用户所指定的位置。

进行粘贴的操作步骤如下。

（1）选择"编辑"→"粘贴"命令，或者单击"标准"工具栏中的按钮 ，或者直接在命令栏输入粘贴的命令名 paste。

（2）显示如图 7-2 所示的立即菜单。可以选择复制为块或者保持原态，以及图形 X、Y 方向的比例。在粘贴为块命令中，可以选择是否消隐。

图 7-2　粘贴立即菜单（一）

（3）确定定位点后，显示如图 7-3 所示的立即菜单。输入旋转角度，按 Enter 键即可将图形粘贴到指定位置。

图 7-3　粘贴立即菜单（二）

7.5 选择性粘贴

选择性粘贴即将剪贴板中的内容按照所需的类型和方式粘贴到文件中。

进行选择性粘贴的方法和步骤如下。

（1）选择"编辑"→"选择性粘贴"命令，或者单击"标准"工具栏中的按钮，或者直接在命令栏输入选择性粘贴的命令名 specialpaste。

（2）弹出如图 7-4 所示的对话框，在单选按钮组中选择一种粘贴方式。

➢ "粘贴"方式指直接将剪贴板中的对象送入 CAXA 电子图板中。

➢ "粘贴链接"方式指将粘贴对象的位置信息送入 CAXA 电子图板中，此后如果该对象被修改，电子图板中的对象也会随之更改。

（3）在对话框中的"作为"列表框中，选择剪贴板内容的粘贴类型，单击"确定"按钮。粘贴的内容随鼠标的移动而移动，单击即可确定粘贴的位置。

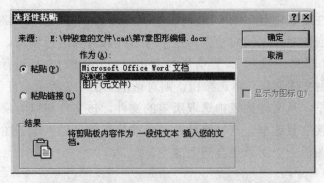

图 7-4 "选择粘贴"对话框

7.6 对象链接与嵌入

对象链接与嵌入（object linking and embeding，OLE）是 Windows 提供的一种机制，它使用户可以将其他 Windows 应用程序创建的"对象"（如图片、图表、文本、电子表格等）插入到文件中。

在主菜单的"编辑"菜单中与 OLE 相关的有 6 个命令，如图 7-5 所示，这 6 个命令为：选择性粘贴、插入对象、删除对象、链接、《OLE 对象》和对象属性。选择性粘贴在前面已经叙述过，这里不再重复。

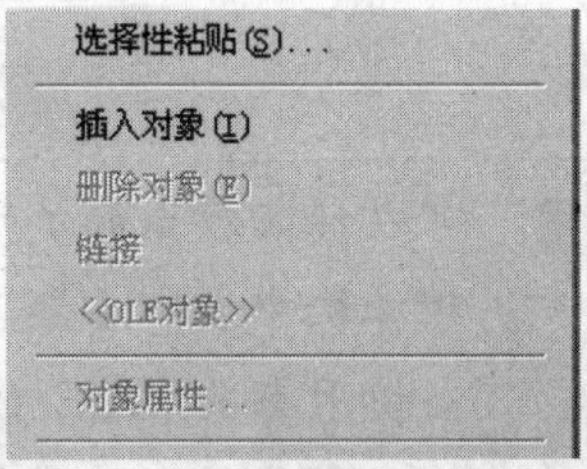

7.6.1 插入对象

图 7-5 与 OLE 相关的操作命令

插入对象即在文件中插入一个 OLE 对象。所插入的对象可为新建文件，也可以嵌入或链接对象。

插入一个 OLE 对象的操作步骤如下。

（1）选择"编辑"→"插入对象"命令，或者直接在命令栏输入插入对象的命令名 insertobject，弹出"插入对象"对话框，如图 7-6 所示。

图 7-6 "插入对象"对话框（一）

（2）对话框弹出时默认以创建新对象的方式插入对象，在对话框的"对象类型"列表框中列出了在系统注册表中登记的 OLE 对象类型，可从中选取所需的对象，单击"确定"按钮后，将弹出相应的对象编辑对话框，从中可对插入对象进行编辑。例如，选择 Adobe Acrobat Document（即 PDF 文档），则会进入 Adobe Acrobat 对文档进行编辑。

（3）若选择"由文件创建"单选按钮，则对话框如图 7-7 所示。可单击"浏览"按钮，打开"浏览"对话框，从文件列表中选取所需的文件，该文件将以对象的方式嵌入到文件中。如果选中"链接"复选框，系统将粘贴对象的位置信息送入电子图板中，此后如果该对象被修改，电子图板中的对象也会随之改变。

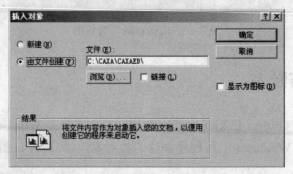

图 7-7 "插入对象"对话框（二）

注意 可以插入对象的类型完全由用户的计算机中所安装的软件的类型决定，比如用户的计算机中没有安装 Word，则不能够在电子图板中插入用 Word 生成的文档或表格。当使用有关 OLE 的操作时，应将绘图区的背景色设为白色，因为当背景色为黑色时，有些插入的对象可能显示不出来。

7.6.2 删除对象

删除对象指删除所选中的 OLE 对象。

当要删除一个对象时，应当先选中该对象，然后选择"编辑"→"删除对象"命令，或者选中对象后直接在命令栏输入删除对象的命令名 delobject，或者按 Delete 键进行删除。

注意 "删除对象"命令只可删除 OLE 对象，对 CAXA 电子图板中的其他对象无效。

7.6.3 链接

"链接"命令用于修改 OLE 对象的链接属性，但只有链接对象才可以被修改。

进行链接的操作步骤如下。

（1）选中以链接方式插入的对象。

（2）选择"编辑"→"链接"命令，或右击对象，选择"链接"命令，弹出如图 7-8 所示的对话框。

注意 如果选中的对象是嵌入对象而不是链接对象，则"链接"选项不可用。

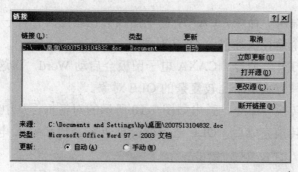

图 7-8 "链接"对话框

（3）在对话框中列出了链接对象的源、类型及更新方式。

➤ "手动"更新方式即通过"立即更新"按钮进行对象的更新。

➤ "自动"更新方式即插入对象根据源文件的改变自动更新。

➤ "打开源"即打开对象所在的源文件，以实现链接对象的编辑。

➤ "更改源"即通过更改链接对象的源文件的方式来改变链接对象。

➤ "断开链接"即断开文件中的对象与源文件的链接关系，这样就不能再对该对象进行编辑操作，因此，断开链接操作一定要谨慎。

7.6.4 《OLE 对象》

《OLE 对象》是对所插入的 OLE 对象进行编辑、打开或转换操作。

➤ "编辑"即将 OLE 对象在 CAXA 电子图板中进行修改。

➤ "打开"即将 OLE 对象在原软件中进行修改。

➤ "转换"即将插入的对象转换成其他的格式。

需要首先选择一个 OLE 对象，《OLE 对象》命令才能被激活，并且更名为该类对象的名称。

例如，选择一个 Word 文档对象，选择主菜单的"编辑"选项，将弹出如图 7-9 所示的菜单。

图 7-9 Document 对象菜单

> 如果选择"编辑"命令，CAXA 电子图板会在绘图区打开一个 Word 编辑窗口，可以通过这个途径快速修改 OLE 对象。

> 如果选择"打开"命令，CAXA 电子图板会启动 Word，将这段文字送入 Word 进行编辑。这种方式适合比较复杂的 OLE 对象。

> 如果选择"转换"命令，弹出如图 7-10 所示的对话框，从中可以选择需要的格式进行转换。转换完成后，OLE 对象就会重新嵌入到 CAXA 电子图板中。

图 7-10 "转换"对话框

7.6.5 对象属性

对象属性命令用于察看对象的属性，转换对象属性，更改对象的大小、图标、显示方式；如果对象是以链接方式插入到文件中的，还可以实现对象的链接操作。

所有这些操作都是在"对象属性"对话框中进行的，下面将具体介绍有关的操作方法和步骤。

（1）单击需要进行操作的 OLE 对象，比如选择一个 Word 文档对象。

（2）选择"编辑"→"对象属性"命令，或者直接在命令栏中输入对象属性的命令名 Objectatt，弹出如图 7-11 所示的对话框。对话框中有"常规"和"查看"两个选项卡，其中"常规"选项卡显示了对象的类型、大小和位置等属性信息。

图 7-11 "对象属性"对话框（一）

（3）单击"转换"按钮，弹出如图 7-12 所示的对话框，从中选择需要转换成的对象类型，单击"确定"按钮；完成转换后，可单击"应用"按钮使之生效。

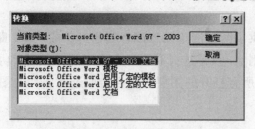

图 7-12 "转换"对话框

（4）如果选择"查看"选项卡，对话框变为如图 7-13 所示；在此对话框中，用户可以改变插入文档的图标，也可以对插入文档进行比例缩放。

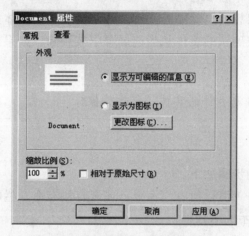

图 7-13 "对象属性"对话框（二）

（5）如果选择的是一个链接对象，则弹出的"对象属性"对话框中会增加一个"链接"选项卡，如图 7-14 所示。由于该选项卡中显示的内容及各按钮的功能与图 7-8 所示的链接对话框中的十分相似，读者可以参考前面相关的内容，这里不再赘述。

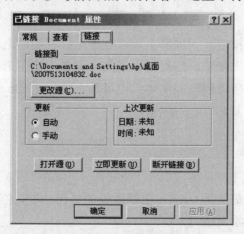

图 7-14 链接对象的属性

7.7　清除和清除所有

CAXA 电子图板提供了两种清除图形或者其他对象的功能，即"清除"与"清除所有"。两者都是将已有的图形删除，只是选择对象的方式不同："清除"功能是删除拾取到的图形；"清除所有"功能是删除所有打开的图层中符合拾取过滤条件的图形。

7.7.1　清除

进行清除操作的步骤如下。

（1）选择"编辑"→"清除"命令或单击"编辑工具"工具栏中的按钮 ，或者直接在命令栏中输入清除的命令名 del。

（2）按操作提示拾取想要删除的若干个实体，拾取到的实体呈红色显示状态；拾取结束后，右击加以确认，被确认的实体从当前屏幕中被删除。如果想中断本命令，可按 Esc 键退出。

注意　系统只选择符合过滤条件的实体执行删除操作。

7.7.2　清除所有

进行清除所有操作的步骤如下。

（1）选择"编辑"→"清除所有"命令，或者直接在命令栏中输入清除所有的命令名 delall，弹出如图 7-15 所示的对话框。

图 7-15　提示删除所有对话框

（2）若单击"确定"按钮，则屏幕上所有位于已打开图层上符合拾取过滤条件的实体即被删除；若单击"取消"按钮，则对话框消失，屏幕上的图形将保持原样不变。

（3）如果发现误删不应该删除的实体，也可马上使用 Undo 命令，或单击"标准"工具栏中的按钮 ，将其恢复。

7.8　操作实例

本章的操作实例主要是熟悉 CAXA 电子图板的编辑功能，主要安排了图形剪切、复制、粘贴和对象链接与嵌入等绘图练习。

下面绘制如图 7-16 所示的图形。

具体操作步骤如下。

（1）启动 CAXA 电子图板 2007。

（2）选择"绘图"→"圆"命令，弹出绘制圆的立即菜单；在"1："下拉列表框中选择"圆心-半径"方式，在"2："下拉列表框中选择"直径"方式。

（3）操作提示拾取"圆心点"，输入第一点坐标"0，0"，按 Enter 键；输入直径为 100，按 Enter 键完成圆的绘制。

（4）选择"编辑"→"图形复制"命令，拾取绘制的圆，右击加以确认；根据提示"请给定图形基点"输入坐标"0，0"，完成圆的复制。

图 7-16　操作实例图

（5）选择"编辑"→"图形粘贴"命令，在立即菜单中选择"定点"方式，在"2：X 向比例"文本框中输入比例 0.5；系统提示"请输入定位点"，输入坐标"–100，0"，按两次 Enter 键完成圆的粘贴，结果如图 7-17 所示。

（6）按回车键重复"图形粘贴"命令，系统提示"请输入定位点"，输入坐标"100，0"，按两次回车键完成第二个圆的粘贴，结果如图 7-18 所示。

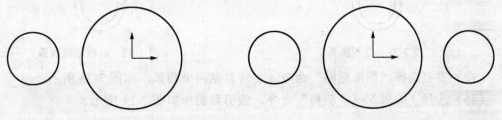

图 7-17　粘贴第一个圆　　　　　　　　图 7-18　粘贴第二个圆

（7）以同样的方法在坐标 "0，100" 和 "0，–100" 两处粘贴同样的两个圆，结果如图 7-19 所示。

（8）重复选择"图形粘贴"命令，在"2：X 向比例"文本框中输入比例 0.7，分别在刚才所粘贴圆的 4 个位置继续粘贴 4 个圆，结果如图 7-20 所示。

图 7-19　粘贴其他两个圆　　　　　　　图 7-20　粘贴另外 4 个圆

（9）选择"绘图"→"圆弧"命令，在立即菜单中选择"三点圆弧"方式；利用工具点菜单分别选择 3 个圆的切点，绘制成的圆弧如图 7-21 所示。

（10）选择"编辑"→"图形复制"命令，拾取绘制的圆弧，右击加以确认；根据提示"请给定图形基点"输入坐标"0，0"，完成圆弧的复制。

（11）选择"编辑"→"图形粘贴"命令，在立即菜单中选择"定点"方式，在"2：X 向比例"文本框中输入比例 1；系统提示"请输入旋转角度"，输入角度 90°，按 Enter 键完成圆弧的粘贴，结果如图 7-22 所示。

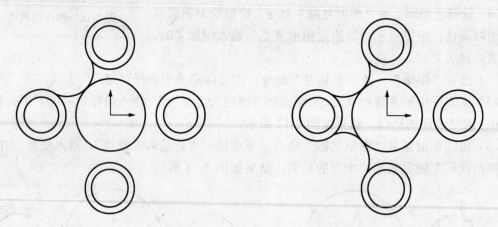

图 7-21　绘制圆弧　　　　　　　　　　图 7-22　旋转粘贴圆弧

（12）重复选择"图形粘贴"命令，旋转粘贴两个圆弧，如图 7-23 所示。

（13）选择"编辑"→"裁剪"命令，裁剪后图形如图 7-24 所示。

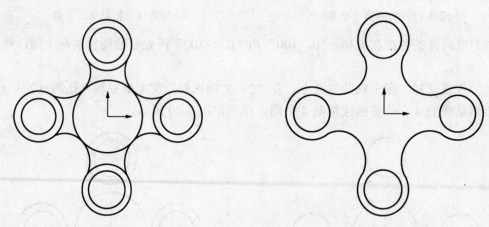

图 7-23　旋转粘贴其他圆弧　　　　　　图 7-24　裁剪圆弧

（14）打开 Microsoft Word，新建一个文件，在文件中编辑一段文字，如图 7-25 所示，并复制这段文字。

（15）切换到 CAXA 电子图板，选择"编辑"→"选择性粘贴"命令，这段文字即作为 OLE 对象粘贴到了电子图板中。

（16）移动这段文字到合适的位置，如图 7-26 所示，即可完成练习，保存文档。

图 7-25 编辑文字

图 7-26 完成的图形

7.9 本章小结

CAXA 电子图板的编辑功能与其他软件的编辑功能相似，包括取消操作、重复操作、剪切、复制、粘贴、对象链接与嵌入和清除等命令，这些命令主要分布在主菜单的"编辑"菜单中。本章的编辑功能与曲线编辑功能不同，曲线编辑的对象是曲线，而这里编辑的对象是所有 CAXA 电子图板支持的对象。通过编辑功能，CAXA 电子图板可以与其他软件交换数据，从而可扩展 CAXA 电子图板的功能。

7.10 思考与练习

1. 简述图形剪切、复制与粘贴的使用方法。
2. 什么是对象的链接与嵌入？嵌入与链接的本质区别是什么？
3. OLE 对象的剪切、复制和粘贴与图形的剪切、复制和粘贴有什么不同？
4. 通过"链接"对话框可完成哪些操作？如何理解自动更新和手动更新？
5. "清除"与"清除所有"命令有何异同？如果出现了误删除，应如何补救？

第8章
图 纸 幅 面

本章要点

➢ 幅面设置
➢ 图框设置
➢ 标题栏设置
➢ 零件序号的生成、编辑和设置
➢ 明细表设置

本章导读

➢ 基础内容：了解 CAXA 电子图板的图纸幅面设置的意义和相关的操作。
➢ 重点掌握：调入图框的方法；调入和填写标题栏的方法和技巧，生成、删除、编辑零件序号以及序号设置的相关操作；定制、填写明细表的方法，删除、编辑表项的技巧。
➢ 一般了解：了解定义、存储图框的操作方法；存储标题栏的操作方法；输出明细表、关联数据库、输出数据、读入数据的相关操作。

8.1 幅面设置

绘制工程图样的首要任务是选择图纸的图幅、图框。国标中对机械制图的图纸大小作了统一规定，图纸尺寸大小共分为 5 个规格，以如下的名称表示：A0、A1、A2、A3、A4，规格分别为 1189×841、841×595、595×420、420×297、297×210。

CAXA 电子图板 2007（企业版）按照国标的规定，在系统内部设置了上述 5 种标准图幅以及相应的图框、标题栏和明细栏。系统还允许自定义图幅和图框，并将自定义的图幅、图框制成模板文件，以备其他文件调用。

要进行幅面设置，首先调出"图幅设置"对话框，如图 8-1 所示，从中可以选择标准图纸幅面或自定义图纸幅面，也可变更绘图比例或选择图纸放置方向。

调出"图幅设置"对话框的操作方法有如下三种。

（1）输入命令："命令名" Setup。

（2）选择"幅面"→"图幅设置"命令，如图 8-2 所示。

（3）单击"图幅设置"按钮▣。

下面分别介绍"图幅设置"对话框中的各种设置。

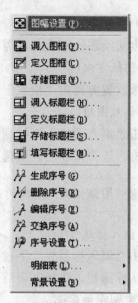

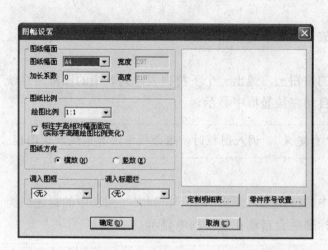

图 8-1 "图幅设置"对话框

图 8-2 "幅面"菜单

1. 图纸幅面

单击"图纸幅面"下拉列表框中的按钮 ▼，在弹出的下拉列表中有从 A0 到 A4 的标准图纸幅面选项和"用户自定义"选项。当所选择的幅面为标准幅面时，在"宽度"和"高度"文本框中显示该图纸幅面的宽度值和高度值，这些值不能修改；当选择"用户自定义"时，可在"宽度"和"高度"文本框中输入图纸幅面的宽度值和高度值。

注意 定义图幅时系统允许的最小图幅为 1×1，即图纸宽度和图纸高度最小尺寸都为 1 毫米。如果输入的数值小于 1，系统将发出警告信息（见图 8-3）。

警告取消后，应当重新输入宽度值或高度值。

2. 图纸比例

（1）绘图比例。系统绘图比例的默认值为 1:1，这个比例直接显示在绘图比例的对话框中。如果希望改变绘图比例，单击"绘图比例"下拉列表框中的按钮 ▼，弹出一个下拉列表（见图 8-4），列表中的值为国标规定的系列值。选择某项后，所选的值在绘图比例对话框中显示。也可以在下拉列表框中直接输入新的比例数值。

图 8-3 图幅设置警告对话框

图 8-4 绘图比例下拉列表

（2）标注字高相对幅面规定固定。如果标注文字的高度相对幅面固定，即实际标注文字的高度随绘图比例变化，需要选中此复选框。

3．图纸方向

图纸放置方向由"横放"和"竖放"两个单选按钮控制。

4．调入图框

单击"调入图框"下拉列表框中的按钮 ▾，弹出一个下拉列表，列表中的图框为系统默认图框。选择某项后，所选图框会自动在预显框中显示。

注意 若"图纸幅面"选择的为"用户自定义"，调入图框时，组合框中没有系统默认图框。

5．调入标题栏

单击"调入标题栏"下拉列表框中的按钮 ▾，弹出一个下拉列表，列表中的标题栏为系统默认标题栏。选择某项后，所选标题栏会自动在预显框中显示。

6．定制明细表头

单击"定制明细表头"按钮，可进行定制明细表头的操作，详细操作见后面章节。

7．零件序号设置

单击"零件序号设置"按钮，可进行零件序号的设置，详细设置方法见 8.4.5 节。

8.2 图框设置

CAXA 电子图板 2007（企业版）的图框尺寸可随图纸幅面大小的变化而作相应的调整，比例变化的原点为标题栏的插入点。

上一节介绍了可以在"图幅设置"对话框中对图框进行设置，除此之外，也可通过调入图框的方法进行图框设置。

图框设置命令包括"调入图框"、"定义图框"和"存储图框"三项内容（图 8-5），下面依次介绍。

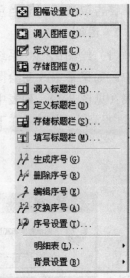

图 8-5 "图幅"菜单

8.2.1 调入图框

要进行图框设置，首先要调用"读入图框文件"对话框（图 8-6）。

调出"读入图框文件"对话框的操作方法有如下 3 种。

（1）输入命令："命令名"Frmload。

（2）选择"幅面"→"调入图框"命令。

（3）单击"调入图框"按钮 ▣。

对话框中列出在 EB\SUPPORT 目录下的符合当前图纸幅面的标准图框或非标准图框的文件名。根据当前作图要求从中进行选取即可。选中图框文件，单击"确定"按钮，即调入所选取的图框文件。

图 8-6 "读入图框文件"对话框

提示 对话框的左上角有 3 个图标,表示图框的显示样式分别为"大图标"、"小图标"和"列表"。

8.2.2 定义图框

在图框绘制过程中,可以将屏幕上的某些图形定义为图框。

将图形定义为图框的操作方法有如下两种。

(1)输入命令:"命令名"Frmdef。

(2)选择"幅面"→"定义图框"命令。

此时,系统提示"拾取元素:",拾取构成图框的图形元素,右击以示确认。

注意 选取的图框中心点要与系统坐标原点重合,否则无法生成图框。此时,操作提示变为"基准点:"(基准点用来定位标题栏,一般选择图框的右下角)。输入基准点后,会弹出如图 8-7 所示的对话框,如单击"取系统值"按钮则图框保存在开始设定的幅面下的调入图框选项中,如果单击"取定义值"按钮则图框保存在自定义值。

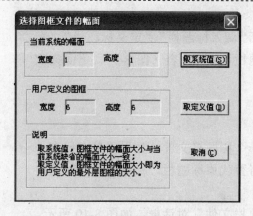

图 8-7 "选择图框文件的幅面"对话框

8.2.3 存储图框

存储图框指将定义好的图框进行保存，以便其他文件进行调用。操作对话框如图 8-8 所示。

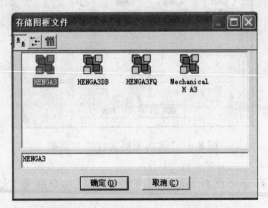

图 8-8 "存储图框文件"对话框

调出"存储图框文件"对话框的操作方法有如下两种。

（1）输入命令："命令名"Frmsave。

（2）选择"幅面"→"存储图框"命令。

对话框中列出已有图框文件的文件名。可以在对话框底部的文本框内输入要存储图框文件名，例如"横 A3 分区"（图框文件扩展名为.frm）。单击"确定"按钮，系统自动加上文件扩展名.frm，一个文件名为"横 A3 分区.frm"的图框文件即被存储在 EB\SUPPORT 目录中。

8.3 标题栏

CAXA 电子图板 2007（企业版）设置了多种标题栏供用户调用，同时也允许用户将图形定义为标题栏，并以文件的方式存储。

标题栏菜单命令包括"调入标题栏"、"定义标题栏"、"存储标题栏"和"填写标题栏"4 项内容（图 8-9），下面依次介绍。

8.3.1 调入标题栏

调入标题栏指调入一个标题栏文件。如果屏幕上已有一个标题栏，则新标题栏将替代原标题栏，标题栏调入时的定位点为其右下角点。

首先调出"读入标题栏文件"对话框，如图 8-10 所示。

图 8-9 标题栏菜单命令

图 8-10 "读入标题栏文件"对话框

调出"读入标题栏文件"对话框的操作方法有如下 3 种。

（1）输入命令："命令名"Headload。

（2）选择"幅面"→"调入标题栏"命令。

（3）单击"幅面操作"工具栏中的"调入标题栏"按钮□▯。

对话框中列出已有标题栏的文件名。选取其一，单击"确定"按钮，一个由所选文件确定的标题栏即显示在图框的标题栏定位点处。

提示 对话框的左上角有三个图标，表示标题栏的显示样式分别为"大图标"、"小图标"、"列表"。

8.3.2 定义标题栏

定义标题栏指将已经绘制好的图形定义为标题栏（包括文字）。也就是说，系统允许将任何图形定义成标题栏文件以备调用。

首先调出"定义标题栏表格单元"对话框，如图 8-11 所示。

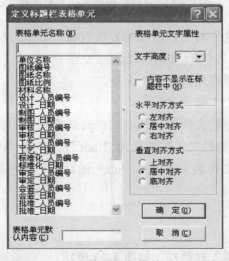

图 8-11 "定义标题栏表格单元"对话框

调出"定义标题栏表格单元"对话框的操作方法有如下两种。

（1）输入命令："命令名"Headdef。

（2）选择"幅面"→"定义标题栏"命令。

两种方法接下来的操作步骤如下。

（1）系统提示"请拾取组成标题栏的图形元素"，拾取构成标题栏的图形元素，右击确认。

（2）系统提示"请拾取标题栏表格的内环点"，拾取标题栏表格内一点，弹出"定义标题栏表格单元"对话框（图 8-11）。

（3）选择表格单元名称以及对齐方式，单击"确定"按钮完成该单元格的定义。

（4）重复（2）、（3）步操作，完成整个标题栏的定义。

8.3.3 存储标题栏

存储标题栏指将定义好的标题栏以文件形式保存，以备调用。

首先调出"存储标题栏文件"对话框，如图 8-12 所示。

图 8-12 "存储标题栏文件"对话框

调出"存储标题栏文件"对话框的操作方法有如下 3 种。

（1）输入命令："命令名"Headsave。

（2）选择"幅面"→"存储标题栏"命令。

（3）单击"存储标题栏"按钮 🔲 。

对话框中列出已有标题栏文件的文件名。在对话框底部的文本框内输入要存储标题栏文件名，例如"企标"（标题栏文件扩展名为".hdr"）。单击"确定"按钮，系统自动加上文件扩展名".hdr"，一个文件名为"企标 .hdr"的标题栏文件被存储在 EB\SUPPORT 目录下。

8.3.4 填写标题栏

首先调出"填写标题栏"对话框，如图 8-13 所示。

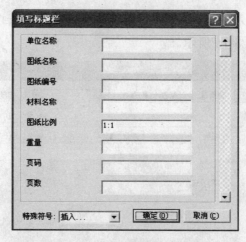

图 8-13 "填写标题栏"对话框

调出"填写标题栏"的操作方法有如下 3 种。

（1）输入命令："命令名"Headerfill。

（2）选择"幅面"→"填写标题栏"命令。

在对话框中填写图形文件的标题的所有内容后，单击"确定"按钮即可完成标题栏的填写。其中标题栏的字体高度除默认的几种大小外，可以手动输入。

8.4 零件序号

CAXA 电子图板 2007（企业版）设置了生成、删除、交换、编辑零件序号和序号设置的功能，为绘制装配图及编制零件序号提供了方便。

图 8-14 所示为"幅面"菜单中关于零件序号设置的相关命令，下面分别介绍各项功能。

图 8-14 零件序号设置命令

8.4.1 生成序号

生成序号指生成或插入零件序号，且与明细栏联动。

在生成或插入零件序号的同时，可以选择填写或不填写明细栏中的各表项。而且对于从图库中提取的标准件，或含属性的块，其本身带有属性描述，在零件序号标注的时候，它会将块属性中与明细栏表头对应的属性自动填入。

生成序号的操作步骤如下。

（1）选择"幅面"→"生成序号"命令，或者单击"生成序号"按钮 ，弹出如图 8-15 所示的立即菜单。

1:序号=	1	2:数量	1	3: 水平 ▼	4: 由内至外 ▼	5: 生成明细表 ▼	6: 不填写 ▼

图 8-15 "生成序号"立即菜单

（2）根据系统提示输入引出点和转折点后，当立即菜单第六项为"填写"时，弹出"填写明细表"对话框，如图 8-16 所示。

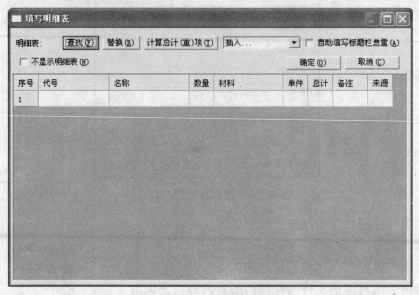

图 8-16 "填写明细表"对话框

如果零件是从图库中提取的标准件，或含属性的块，则可以自动填写明细栏。

注意 如果提取的标准件被打散，在序号标注时系统将无法识别，所以也就找不到属性，不能自动填写明细栏。

立即菜单各选项含义如下。

1. 序号

指零件序号值，可以输入数值或前缀加数值。前缀加数值的情况，前缀和数值最多只能输入 3 位（即最多可输入共 6 位的字串），若前缀第一位为符号"@"，为零件序号中加圈的形式，如图 8-18（a）所示，系统可根据当前零件序号值判断是生成零件序号或插入零件序号。

（1）生成零件序号。系统根据当前序号自动生成下次标注时的序号值。如果输入序号值只有前缀而无数字，根据当前序号情况生成新序号，新序号值为当前前缀的最大值加 1。

（2）插入零件序号。如果输入序号值小于当前相同前缀的最大序号值，大于等于最小序号值时标注零件序号，系统提示是否插入序号；如果选择插入序号形式，则系统重新排列相同前缀的序号值和相关的明细栏。

（3）重号的处理。如果输入的序号与已有序号相同，则弹出如图 8-17 所示的对话框。如果单击"插入"按钮，则生成新序号，在此序号后的其他相同前缀的序号依次顺延；如果单击"取消"按钮，则输入序号无效，需要重新生成序号；如果单击"取重号"按钮，则生成与已有序号重复的序号。

图 8-17　重号提示对话框

2．数量

若数量大于 1，则采用公共指引线形式表示，如图 8-18（b）所示。

3．水平/垂直

选择零件序号水平或垂直的排列方向。如图 8-18（c）所示为垂直方式。

4．由内至外/由外至内

指零件序号标注方向。如图 8-18（d）所示为由外向内标注。

5．圆点/箭头

零件序号指引线末端表示形式。如图 8-18（e）所示为指引线末端为笼头。

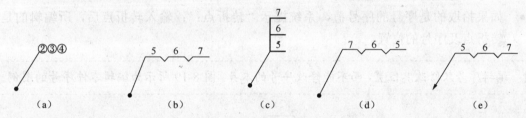

图 8-18　零件序号各种标注形式

（a）加圈标注方式；（b）使用共同指引线；（c）垂直方式；（d）由外向内标注；（e）指引线末端为箭头

6．填写/不填写

可以在标注当前零件序号后即填写明细栏；也可以选择"不填写"，以后利用明细栏的填写表项或读入数据等方法进行填写。

若立即菜单第五项选择"不生成明细表"，则按系统提示输入引出点和转折点后，右击结束。

8.4.2　删除序号

删除序号指在已有的序号中删除不需要的序号。在删除序号的同时，也删除明细栏中的相应表项。

删除序号的操作步骤如下。

（1）选择"幅面"→"删除序号"命令，或者输入命令 Ptnodel。

（2）系统提示"拾取零件序号："，拾取待删除的序号，该序号即被删除。对于多个序号共用一条指引线的序号结点，如果拾取位置为序号，则删除被拾取的序号；拾取到其他部位，则删除整个结点。如果所要删除的序号没有重名的序号，则同时删除明细栏中相应的表项，否则只删除所拾取的序号。如果删除的序号为中间项，系统会自动将该项以后的序号值顺序减一，以保持序号的连续性。

注意　如果直接选择序号，右击删除，则不适用以上规则，序号不会自动连续，明细表相应表项也不会被删除。建议不要使用此方法删除序号，以免出现序号与明细表相应表项不对应的情况。

8.4.3　编辑序号

编辑序号指修改指定序号的位置。

编辑序号的操作步骤如下。

（1）选择"幅面"→"编辑序号"命令，或者输入命令 Ptnoedit。

（2）系统提示"拾取零件序号："，拾取待编辑的序号。根据拾取位置的不同，可以分别修改序号的引出点或转折点位置。

- 如果拾取的是序号的指引线，系统提示"引出点："；输入引出点后，所编辑的是序号引出点及引出线的位置。
- 如果拾取的是序号的序号值，系统提示"转折点："；输入转折点后，所编辑的是转折点及序号的位置。

注意　编辑序号只修改其位置，而不能修改序号的本身。图 8-19 所示为编辑零件序号的图例。

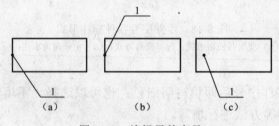

图 8-19　编辑零件序号

（a）编辑前；（b）拾取序号；（c）拾取引线

8.4.4　交换序号

指交换序号的位置，并根据需要交换明细表内容。

交换序号的操作步骤如下。

（1）选择"幅面"→"交换编辑序号"命令，或者输入命令 Ptnoswap。

（2）默认为"交换明细表内容"，系统提示"请拾取零件序号："；拾取待交换的序号 1。

（3）系统提示"请拾取第二个序号"，拾取待交换的序号 2，则序号 1 和序号 2 立即交换位置。

如果单击 1："交换明细表内容"，变为"不交换明细表内容"，则序号更换后，相应的明细表内容不交换。

如果要交换的序号为连续标注，则交换时会弹出如图 8-20 所示的提示。

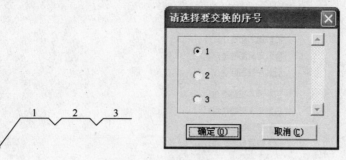

图 8-20 交换序号提示

8.4.5 序号设置

序号设置指选择零件序号的标注形式。

序号设置的操作步骤为：选择"图幅"→"序号设置"命令，弹出"序号设置"对话框，如图 8-21 所示，从中进行相应的操作即可。

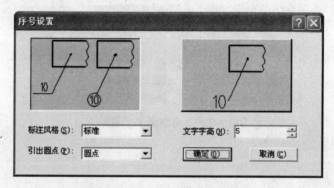

图 8-21 "序号设置"对话框

下面介绍"序号设置"对话框中的相应选项。

➢ 标注风格：选择序号文字所采取的标注风格。

➢ 文字字高：设定序号文字的字高。

➢ 引出圆点：选择序号引出点的类型。

注意 在一张图纸上零件序号形式应统一，如果图纸中已标注了零件序号，就不能再改变零件序号的设置。

8.5 明细表

CAXA 电子图板 2007（企业版）为绘制装配图设置了明细表。明细表与零件序号联动，可随零件序号的生成、插入和删除产生相应的变化。

"幅面"→"明细表"子菜单如图 8-22 所示。明细表的窗口大小可以根据需要调整。

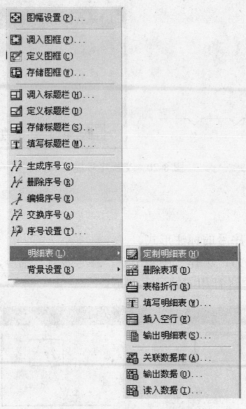

图 8-22 "明细表"子菜单

8.5.1 定制明细表

定制明细表指按需要增删及修改明细栏的表头内容，并可调入或存储表头文件。

当表头内容项与图库属性（块属性表）相符时，图库中调出的零件在按零件序号生成明细栏时，其中相符部分会自动填入明细栏。

定制明细表的操作步骤为：选择"幅面"→"明细表"→"定制明细表"命令，或者输入命令 Tbldef，弹出如图 8-23 所示的对话框；对话框内列出了当前表头的各项内容及各功能按钮。通过对各项内容进行操作，可建立新表头或修改原有表头。

注意　如果当前图纸上存在明细表则当前修改的明细表表头将不起作用。

在对话框左部的列表框中右击，弹出如图 8-24 所示的快捷菜单。

（1）显示、编辑表项内容。在列表框中列出当前明细表的所有表项及其内容。

各文本框的含义如下。

项目名称：表示在明细表表头中每一栏的名称。

项目宽度：表示在明细表表头中每一栏的宽度。

以上两项是定制明细表表头必不可少的。以下三项主要与明细表的数据输出到数据库当中有关。

图 8-23 "定制明细表"对话框（一）

项目名称：是数据输出到数据库中的域名。如果数据库文件不支持中文域名，则此项应为英文。

图 8-24 快捷菜单

数据类型：在此列中选择表项对应的数据类型。

数据长度：如果表项的数据类型为字符型，在此列中输入字符长度。

文字字高：调整明细表表头文字的大小。

对应明细栏的文字对齐方式：调整明细表表头文字的对齐方式。

单击其中的表项，即可改变列表框中的选择；双击表项内容即可进行编辑。当双击数据类型列时，表项的数据类型将在字符和数字之间切换；如果表项的数据类型为数字时，双击数据长度列将不起作用。

（2）增加项目。选择"增加项目"命令，在列表框中的光标当前位置加入新行，列表框如图 8-25 所示。

图 8-25 "定制明细表"对话框（二）

注意 表项数目不能超过 10 个。

（3）删除项目。选择"删除项目"命令，可以删除当前光标所在位置的表项。

（4）打开文件。单击"打开文件"按钮，弹出"打开表头文件"对话框，可以将以前存储的表项文件调入系统中。

（5）存储文件。单击"存储文件"按钮，弹出"存储表头文件"对话框，可以将表项内容存储为表项文件。

（6）下次使用时自动加载列表中内容。明细栏的内容和数据库是关联的，请参阅"图纸管理"的相关内容。

（7）定制明细表文本风格。在"文本及其他"选项卡中列出当前明细表的所有表项及其内容的文本风格，如图 8-26 所示。各主要选项的含义如下。

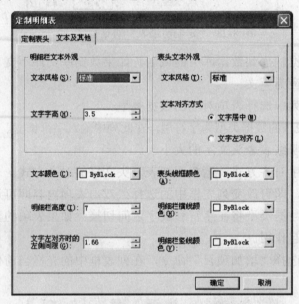

图 8-26 "文本及其他"选项卡

"文本风格"：选择已存在的文本风格类型作为明细栏文本风格，还可以通过"文本风格"自定义多种类型的风格。

"文字字高"：调整明细栏文字的大小。

"文本对齐方式"：设置表头中文字的对齐方式。

明细栏高度：调整明细栏上下间距。

文字左对齐时的左侧间隙：文字在对齐方式为左对齐时，与明细表左边框的距离。

8.5.2 删除表项

删除表项指从已有的明细表中删除某个表项。删除某表项时，其表格及项目内容全部被删除，相应零件序号也被删除，序号重新排列。

删除表项的操作步骤如下。

（1）选择"幅面"→"明细表"→"删除表项"命令。

（2）系统提示"拾取表项："，拾取所要删除的明细表表项。如果拾取无误则删除该表项及所对应的所有序号，同时该序号以后的序号将自动重新排列。当需要删除所有明细表表项时，可以直接拾取明细栏表头，此时弹出对话框；得到用户的最终确认后，即删除所有的明细表表项及序号。

（3）系统提示"拾取表项："，重复以上操作，可删除一系列明细表表项及相应的序号。如果希望结束删除表项的操作，右击，即恢复到命令状态。当全部删除操作结束后，应用重画命令将图形刷新。

8.5.3　表格折行

表格折行指将已存在的明细表的表格在所需要的位置向左或向右转移，转移时，表格及项目内容一起转移。

表格折行的操作步骤如下。

（1）选择"幅面"→"明细表"→"表格折行"命令，或者输入命令 Tblbrk。弹出如图 8-27 所示的立即菜单。

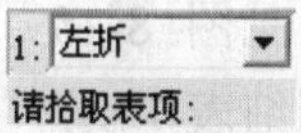

（2）按提示从已有的明细栏中拾取某个待折行的表项，则该表项以上的表项（包括该表项）及其内容全部移到明细栏的左侧。

| 1: 左折　　▼ |
| 请拾取表项： |

图 8-27 "表格折行"立即菜单

（3）按组合键 Alt＋1 切换立即菜单为"右折"，在这种状态下，可以将所拾取表项（包括该表项）以下的表项转移到右边一列。

如图 8-28 和图 8-29 所示分别为明细栏折行前和折行后的例子，拾取表项为明细栏第三项。

9	QLZC－dg	端盖	1	HT200			
8	GB93-1987标准型弹簧垫圈	弹性垫片φ4	4				
7	GB/T818-2000十字槽盘头螺钉E型	螺钉M4×15	4				
6	DPZC	底盘总成	1				
5	GB93-1987标准型弹簧垫圈	弹性垫片φ16	1				
4	GB/T41-2000六角螺母-C级	紧定螺母M16	1				
3	QLZC－sjz	升降轴	1	Q235			
2	GB71-1985	开槽锥端紧定螺钉 M3X10	1				
1	JB/T7241.2-1994压花把手A型	把手	1				
序号	代号	名称	数量	材料	单件 总计 重量	备注
标记	处数	分区	更改文件号	签名	年、月、日		前轮总成－装配图
设计			标准化			阶段标记 重量 比例	
审核						1:1	
工艺			批准			共 张 第 5 张	

图 8-28 折行前的明细栏

3	QLZC-sjx	升降轴	1	Q235		
2	GB71-1985	开槽锥端紧定螺钉 M3X10	1			
1	JB/T77241.1-1994压花把手A型	把手				
序号	代号	名称	数量	材料	单件 总计 质量	备注

9	QLZC-dg	端盖	1	HT200	
8	GB93-1985标准型弹簧垫圈	弹性垫片 φ4	1		
7	GB/T819-2000十字槽沉头螺钉M4×15	螺钉M4×15	4		
6	DPZC	底盘总成	1		
5	GB93-1985标准型弹簧垫圈	弹性垫片 φ16	1		
4	GB/T41-2000六角螺母-C级	紧定螺母M16	1		

	标记	处数	分区	更改文件号	签 名	年、月、日				前轮总成－装配图
	设计				标准化		阶段标记	重量	比例	
									1:1	
	审核									
	工艺			批准			共 张	第 5 张		

图 8-29　折行后的明细栏

8.5.4　填写明细表

填写明细表指在明细表内填写某零件序号的各项内容，且自动定位。

填写明细表的操作步骤如下。

（1）选择"幅面"→"明细表"→"填写明细表"命令，或者输入命令 Tbledit，弹出如图 8-16 所示的对话框。

（2）系统提示"拾取表项："，拾取需要填写或修改的明细表表项后，弹出填写表项对话框（见图 8-15），即可进行填写或修改，填写后单击"确定"按钮，所填项目将自动添加到明细表中。

（3）系统提示"拾取表项："，重复以上操作，可修改一系列明细表表项；如果希望结束填写表项的操作时，右击即恢复到命令状态。

8.5.5　插入空行

插入空行指在明细表中插入一个空白行。

插入空行的操作步骤为：选择"幅面"→"明细表"→"插入空行"命令，或者输入命令 Tblnew，系统将把一空白行插入到明细表中，如图 8-30 所示。

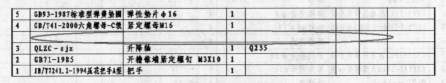

5	GB93-1987标准型弹簧垫圈	弹性垫片 φ16	1	
4	GB/T41-2000六角螺母-C级	紧定螺母M16	1	
3	QLZC-sjz	升降轴	1	Q235
2	GB71-1985	开槽锥端紧定螺钉 M3X10	1	
1	JB/T77241.2-1994压花把手A型	把手	1	

图 8-30　插入空行

8.5.6　输出明细表

输出明细表指将明细表中的内容输出为 EXB 文件，这样可以节约图纸空间，方便阅览图纸。

输出明细表的操作步骤如下。

（1）选择"幅面"→"明细表"→"输出明细表"命令，弹出如图 8-31 所示的对话框。此对话框列出了输出明细表的各项设置选项，主要选项的含义如下。

➢ 输出的明细表文件带有 A4 幅面竖放的图框：若不选中此复选框，输出的明细表没有图框。

➢ 输出当前图形文件中的标题栏：若选中此复选框，输出的 EXB 文件中带有当前文件的标题栏。

➢ 不显示当前图形文件中的明细表：若选中此复选框，则输出明细表后，当前文件中明细表自动删除。

➢ 请选择明细表的输出类型：根据需要可以选择"标准件"、"无图件"、"自（生）产件"、"外购（协）件"、"借（通）用件"，或者选择"全部输出"。

➢ 输出明细表文件中明细表项的最大数目：设置一个图形文件中输出的明细表项数目。

➢ 输出当前类型明细表所需要的图形文件个数：表示输出文件的数目。

完成设置后，单击"输出"按钮，弹出如图 8-32 所示的对话框。

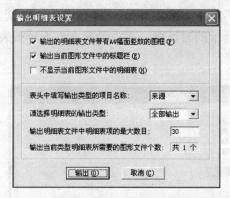

图 8-31 "输出明细表设置"对话框

图 8-32 "读入图框文件"对话框

（2）对话框中是系统默认的图框。选择合适的图框，单击"确定"按钮，弹出如图 8-33 所示的对话框。

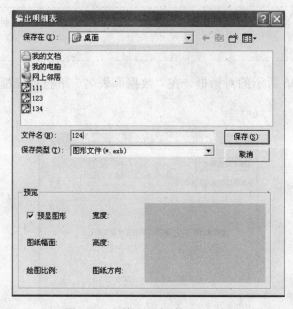

图 8-33 "输出明细表"对话框

（3）在"文件名"文本框中输入明细表的名字。

（4）在"保存在"下拉列表框中选择保存文件的路径。

若在第（1）步设置中，"输出当前类型明细表所需要的图形文件个数"大于 1，则保存完第一个图形文件后，弹出如图 8-33 所示的对话框，此时需要重复步骤（3）、（4），直到保存完所有的图形文件。

8.5.7 关联数据库

关联数据库指将已有的明细表数据库文件与当前明细表相关联，从而可以通过修改明细表数据库文件来修改明细表。

关联数据库的操作步骤如下。

（1）选择"图幅"→"明细表"→"关联数据库"命令，弹出如图 8-34 所示的对话框。

（2）单击"指定数据库"按钮，弹出如图 8-35 所示的对话框；在"保存在"下拉列表框中指定需要关联的数据库位置，单击"保存"按钮。

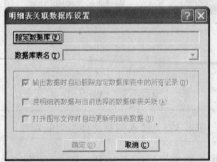
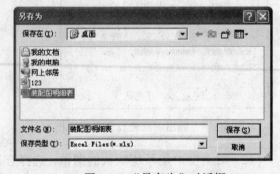

图 8-34 "明细表关联数据库设置"对话框   图 8-35 "另存为"对话框

提示　保存的数据库类型可以是 Excel 或者 Access 文件，即文件的扩展名为 .xls 或者.mdb。

（3）弹出如图 8-36 所示的对话框，在"数据库表名"下拉列表框中指定所关联的数据库表的名称。

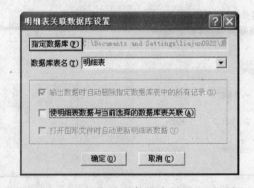

图 8-36 "明细表关联数据库设置"对话框

（4）设置对话框下面选项组中的选项，单击"确定"按钮。

对话框下面选项组中的选项主要用于对关联的关系进行设置，主要选项的含义如下。

使明细表数据与当前选择的数据库表关联：使明细表数据与当前数据库表形成一对一的关系。

打开图形文件时自动更新明细表数据：若选中此复选框，则更改数据库文件将影响图形文件的明细表数据。

8.5.8　输出数据

输出数据指将明细表中的内容输出为文本文件、MDB 文件或 DBF 文件。

输出数据的操作步骤如下。

（1）选择"幅面"→"明细表"→"输出数据"命令，或者输入命令 Tableexport，弹出如图 8-37 所示的"输出明细表数据"对话框。

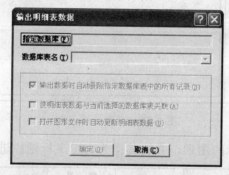

图 8-37　"输出明细表数据"对话框

（2）单击"指定数据库"按钮，弹出文件对话框，从中选择所要输出的数据库文件名称及类型，系统支持 EXCEL、DATA 及 ACCESS 数据库。

（3）选取数据库文件后，在"数据文件读写"对话框内将自动列出在这个库文件下的所有表，也可以在下拉列表框中输入新表名称以创建新表。

注意　如果选择已有的表，表中的域名需要与明细栏表头中的别名一致，并且格式也需要相互对应；新输入的数据自动加在表中记录的尾部。

8.5.9　读入数据

读入数据指读入 MDB 文件、DBF 文件中与当前明细栏表头一致并且序号相同的数据。

读入数据的操作步骤为：选择"幅面"→"明细表"→"读入数据"命令，弹出如图 8-32 所示的"读入明细表数据"对话框。其操作方法与输出数据相同。

8.6　本章小结

本章主要介绍了图纸幅面设置的一般方法和技巧，这些方法和技巧是绘制工程图纸的基础。要求掌握"图幅设置"对话框中的各种设置；掌握图框的各种操作；掌握标题栏、零件序号、明细栏的各种操作。

8.7 思考与练习

1. 图样图幅在绘图过程中有什么作用？
2. 如何调整绘图比例？
3. 绘制一幅装配图，标注各零件的序号，并填写标题栏和明细表。
4. 绘制如图 8-38 所示的图形，并将其作为自定义图框进行保存。

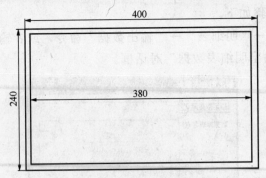

图 8-38 习题 4 练习图

5. 绘制如图 8-39 所示的图形，并将其作为自定义标题栏进行保存。

设 计		重 量	
日 期		比 例	
审 核		日 期	
单 位		处 数	

图 8-39 习题 5 练习图

本章要点

➢ 尺寸类标注的分类

➢ 尺寸标注

➢ 坐标标注

➢ 倒角标注

➢ 文字标注

➢ 尺寸公差标注

➢ 工程符号类标注

➢ 标注修改和尺寸驱动的相关操作

本章导读

➢ **基础内容**：了解 CAXA 电子图板的尺寸类标注的常用方法和技巧。

➢ **重点掌握**：重点掌握尺寸标注、倒角标注、公差标注、文字标注和符号标注的操作方法。

➢ **一般了解**：对于坐标标注的相关内容和尺寸驱动的操作只需要了解即可。

CAXA 电子图板 2007（企业版）依据《机械制图国家标准》提供了对工程图进行尺寸标注、文字标注和工程符号标注等的一整套方法，它不仅是绘制工程图的十分重要的手段和组成部分，而且能够确保所进行的标注完全符合行业标准。本章将详细介绍 CAXA 电子图板 2007（企业版）中标注的内容和使用方法。

图 9-1 所示为"标注"菜单，下面分别介绍相关命令。

对标注所需参数的设置，应由"格式"→"文本风格"和"标注风格"命令设定，所以这两项内容也在本章介绍。

图 9-1 "标注"菜单

9.1 尺寸类标注

"尺寸标注"命令是进行尺寸标注的主体命令，CAXA 电子图板 2007（企业版）可以随拾取图形元素的不同，自动按实体的类型进行尺寸标注。

9.1.1 尺寸标注分类

在工程绘图中，最为常用的标注类型即为尺寸类标注，根据标注尺寸对象和方式的不同，尺寸类标注可以进行如下的分类。

1. 尺寸标注

按标注方式又可分为如下几类。

（1）水平尺寸：尺寸线方向水平。

（2）竖直尺寸：尺寸线方向铅直。

（3）平行尺寸：尺寸线方向与标注点的连线平行。

（4）基准尺寸：一组具有相同基准，且尺寸线相互平行的尺寸标注。

（5）连续尺寸：一组尺寸线位于同一直线上，且首尾连接的尺寸标注。

2. 直径尺寸标注

圆直径的尺寸标注，尺寸值前缀应为 ϕ（可用%c 输入），尺寸线通过圆心，尺寸线两个终端都带箭头并指向圆弧。根据标准规定，直径尺寸也可标注在非圆的视图中，此时它应按线性尺寸标注，只是在尺寸数值前应带前缀 ϕ。

3. 半径尺寸标注

圆弧半径的尺寸标注，尺寸值前缀为 R，尺寸线方向从圆心出发或指向圆心，尺寸线指向圆弧的一端带箭头。

4. 角度尺寸标注

标注两直线之间的夹角，通过拖动确定角度是小于还是大于180°。其尺寸界线汇交于角度顶点，其尺寸线为以角度顶点为圆心的圆弧，其两端带箭头，角度尺寸数值单位为度。

5. 其他标注

如倒角尺寸标注、坐标尺寸标注等。

提示 尺寸标注可以在对称位置增加文字。

图 9-2 所示为各类尺寸标注图例。

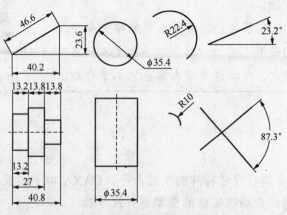

图 9-2　各类尺寸标注图例

9.1.2 标注风格

通过标注风格设置可为尺寸标注设置各项参数。

选择"格式"→"标注风格"命令，或者输入命令 Dimpara，弹出如图 9-3 所示的"标注风格"对话框，图中显示的为系统默认设置，可以重新设定和编辑标注风格。

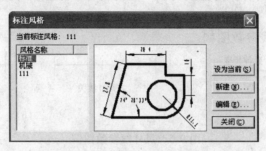

图 9-3 "标注风格"对话框

通过在对话框中进行设置，可以设定不同的标注风格。对话框中主要选项和按钮的含义如下。

设为当前：将所选的标注风格设置为当前使用风格。

新建：建立新的标注风格。

编辑：对现有的标注风格进行属性编辑。

关闭：关闭当前对话框，并且所做修改不保存在设置中。

单击"新建"按钮，弹出如图 9-4 所示的"新建风格"对话框；在"新建风格名"文本框中输入新建风格的名字，例如"标准 2"；在"基准风格"下拉列表框中设置基准风格，例如"标准"风格；单击"下一步"按钮，弹出如图 9-5 所示的对话框。

图 9-4 "新建风格"对话框

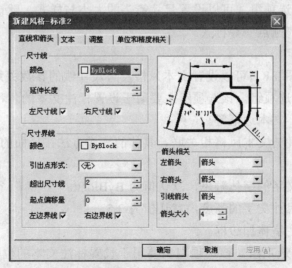

图 9-5 "新建风格-标准 2"对话框

可以根据该对话框所提供的"直线和箭头"、"文本"、"调整"、"单位和精度相关"等选项卡对标注风格进行修改，下面分别介绍。

1．"直线和箭头"选项卡

利用该选项卡可以对尺寸线、尺寸界线及箭头进行颜色和风格的设置。

（1）"尺寸线"选项组。该选项组主要用于设置尺寸线的颜色以及尺寸线的延伸长度与显示。

图 9-6 所示为尺寸线参数图例。

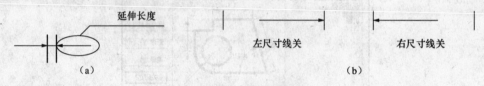

图 9-6　尺寸线参数图例

（a）延伸长度；（b）尺寸线开关

（2）"尺寸界线"选项组。该选项组主要用于设置尺寸界线的颜色、引出点的形式、超出尺寸界限、起点偏移量以及左右边界线的显示。

超出尺寸线：尺寸界线向尺寸线终端外延伸距离即为延伸长度。默认值为 2.0。

左、右边界线：分为左边界线和右边界线，设置左右边界线的开关，默认为选中状态。图 9-7 所示为边界线图例。

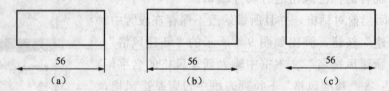

图 9-7　边界线图例

（a）左边界线关；（b）右边界线关；（c）左右边界线都关

（3）"箭头相关"选项组。可以设置尺寸箭头的大小与样式。默认样式为"箭头"，系统还提供了"斜线"、"圆点"等样式。

2．"文本"选项卡

利用该选项卡（图 9-8）可以设置文本风格及与尺寸线的参数关系。

（1）"文本外观"选项组。该选项组主要用于设置标注文本的各种属性，如文本风格、文本颜色、文字字高、文本边框等。

文本风格：与软件的文本风格相关联，具体的操作方法在后面的"文本风格"章节中进行讲解。

文本颜色：设置文字的字体颜色，默认值为 ByBlock。

文字字高：控制尺寸文字的高度，默认值为 3.5。

文字边框：为标注字体加边框。

（2）"文本位置"选项组。该选项组主要用于设置标注文本的位置以及文字距尺寸线的距离。

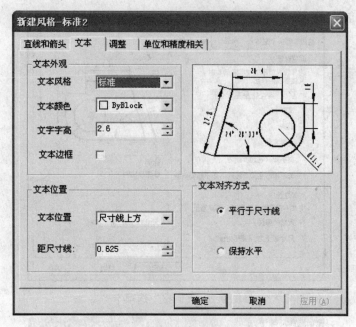

图 9-8 "文本"选项卡

文本位置：文字相对于尺寸线的位置，默认为"尺寸线上方"。

距尺寸线：控制文字距离尺寸线位置，默认为 0.625。

图 9-9 所示为文本位置示例。

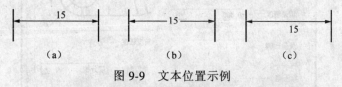

图 9-9 文本位置示例

（a）尺寸线上方；（b）尺寸线中间；（c）尺寸线下方

（3）"文本对齐方式"选项组。该选项组主要用于设置文字的对齐方式，有"平行于尺寸线"和"保持水平"两种方式。"平行于尺寸线"表示文本始终平行于尺寸线；"保持水平"表示文本始终平行于水平线。

3."调整"选项卡

该选项卡（图 9-10）主要用于设置文字与箭头的关系，以使尺寸线的效果最佳。

调整选项：该选项组主要用于当边界线放不下文字和箭头时，文字和箭头位置的设置。

文本位置：该选项组主要用于当文本不满足默认位置时，文本相对于尺寸线的位置，系统默认为"尺寸线旁边"。

比例：按输入的比例值放大或缩小标注的文字和箭头。

4."单位和精度相关"选项卡

该选项卡（图 9-11）主要用于设置标注的精度与显示单位。

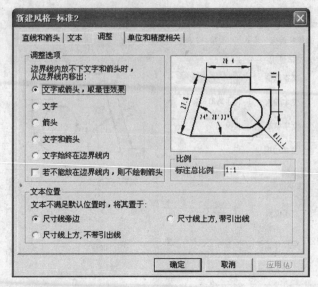

图 9-10 "调整"选项卡

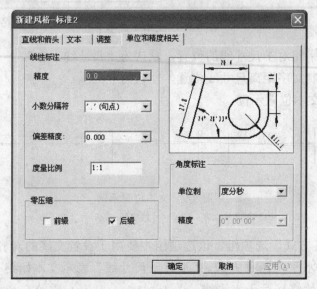

图 9-11 "单位和精度相关"选项卡

（1）"线性标注"选项组。该选项组主要用于设置线性标注的各种精度以及显示单位。

精度：在尺寸标注里数值的精确度，可以精确到小数点后 7 位。

小数分隔符：小数点的表示方式，分为句点、逗号、空格三种。

偏差精度：尺寸偏差的精确度，可以精确到小数点后 5 位。

度量比例：标注尺寸与实际尺寸的比值。例如，比例为 2 时，直径为 5 的圆，标注直径结果为 ϕ10。默认值为 1。

（2）"零压缩"选项组。该选项组主要用于设置标注的尺寸标注中小数的前后消"0"。例如，尺寸值为 0.901，精度为 0.00，选中"前缀"复选框，则标注结果为 0.90；选中"后缀"复选框，则标注结果为 0.9。

（3）"角度标注"选项组。该选项组主要用于设置角度标注的精度以及显示单位。

在图 9-3 所示的"标注风格"对话框中，单击"编辑"按钮，弹出如图 9-12 所示的对话框。

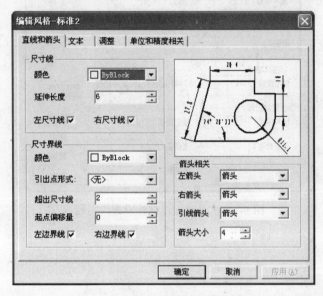

图 9-12 "编辑风格标准 2"对话框

对话框中各个选项卡的设置和上面介绍的新建风格一样。编辑完各个选项卡后，单击"确定"按钮，系统设置将自动保存。

上文主要介绍了新建风格和编辑风格的方法，如果需要删除某种风格或者将某种风格设置为系统默认风格，可以在图 9-3 所示对话框中右击某风格名称，则弹出快捷菜单，如图 9-13 所示。

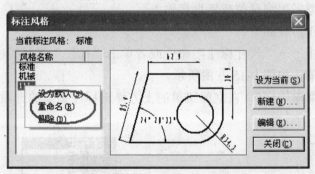

图 9-13 "标注风格"对话框

设为默认：将当前风格设置为系统默认的风格。

重命名：重新命名当前风格。

删除：删除当前风格。

另外，在标注时也可以调出"标注风格"对话框，操作方法如下：

标注尺寸时，右击，弹出如图 9-14 所示的"尺寸标注属性设置"对话框；单击"标注风格"按钮，弹出如图 9-3 所示的"标注风格"对话框，从中进行相关的设置即可。

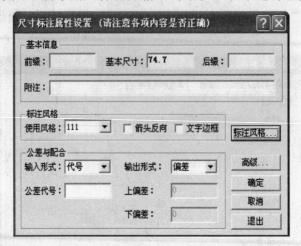

图 9-14 "尺寸标注属性设置"对话框

9.2 尺寸标注

"尺寸标注"命令是进行图形尺寸标注的主要手段，由于尺寸类型与形式的多样性，系统在本命令执行过程中提供智能判别，其功能特点如下。

（1）根据拾取元素的不同，自动标注相应的线性尺寸、直径尺寸、半径尺寸或角度尺寸。

（2）根据立即菜单的条件由用户选择基本尺寸、基准尺寸、连续尺寸或尺寸线方向。

（3）尺寸文字可采用拖动定位。

（4）尺寸数值可采用测量值或者直接输入。

尺寸标注的操作步骤如下。

（1）选择"标注"→"尺寸标注"命令或者单击"标注"工具栏中的"尺寸标注"按钮，出现立即菜单，如图 9-15 左图所示。

（2）单击立即菜单"1:"，在立即菜单的上方弹出标注类型的选项菜单，如图 9-15 右图所示。

图 9-15 "标注"立即菜单

（3）在"基本标注"下，按拾取元素的不同类型与数目，根据立即菜单的选择，标注水平尺寸、垂直尺寸、平行尺寸、直径尺寸、半径尺寸、角度尺寸等。

同理，在"基准标注"、"连续标注"等不同情况下，标注相应的尺寸。

CAXA 电子图板 2007（企业版）还提供三点角度、半标注、大圆弧、射线、锥度等标注方法。下面分别对各种标注进行介绍。

9.2.1 基本尺寸

本节分别介绍单个元素的标注和两个元素的标注。

1. 单个元素的标注

（1）直线的标注。当提示区出现"拾取标注元素"时，拾取要标注的直线，出现如图 9-16 所示的立即菜单。

| 1: 基本标注 ▼ | 2: 文字平行 ▼ | 3: 标注长度 ▼ | 4: 长度 ▼ | 5: 平行 ▼ | 6: 文字居中 ▼ | 7: 文字无边框 ▼ | 8: 尺寸值 |

图 9-16 "直线标注"立即菜单

通过选择不同的立即菜单选项，可标注直线的长度、直径和与坐标轴的夹角。

（2）直线长度的标注。立即菜单第二项选择"文字平行"时，标注的尺寸文字与尺寸线平行；选择"文字水平"时标注的尺寸文字方向水平。

当立即菜单的第三项选择"标注长度"，第四项选择"长度"时，标注的即为直线的长度。

立即菜单第五项选择"正交"时，标注该直线沿水平方向的长度或沿铅垂方向的长度；切换为"平行"时，标注该直线的长度。

立即菜单第六项中显示默认尺寸值，也可以输入尺寸值。

（3）直线直径的标注。立即菜单第四项切换为"直径"时，即标注直径。其标注方式与长度基本相同，区别在于在尺寸值前加前缀"ϕ"。

（4）直线与坐标轴夹角的标注。切换立即菜单第三项为"标注角度"，此时标注的即为直线与坐标轴的角度。

切换立即菜单第四项，可标注直线与 X 轴的夹角或与 Y 轴的夹角，角度尺寸的顶点为直线靠近拾取点的端点。

尺寸线和尺寸文字的位置可用鼠标拖动确定，如尺寸文字在尺寸界线之内，则自动居中；如尺寸文字在尺寸界线之外，则由标注点的位置确定。

图 9-17 所示为直线标注图例。

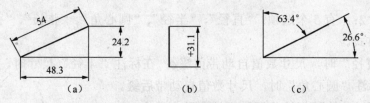

图 9-17 直线标注图例

（a）标注长度；（b）标注直径；（c）标注与坐标轴夹角

（5）圆的标注。当提示区出现“拾取标注元素”时，拾取要标注的圆，出现如图 9-18 所示的立即菜单。

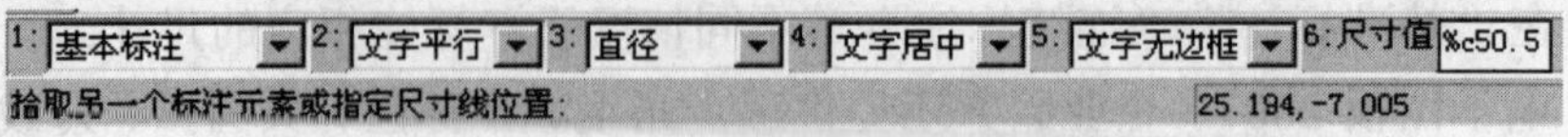

1: 基本标注
2: 文字平行
3: 直径
4: 文字居中
5: 文字无边框
6: 尺寸值 %c50.5
拾取另一个标注元素或指定尺寸线位置:
25.194, -7.005

图 9-18 “圆标注”立即菜单

立即菜单“3:”有 3 个选项：“直径”、“半径”、“圆周直径”，这是标注圆的三种方式。

在标注“直径”或“圆周直径”尺寸时，尺寸数值自动带前缀ϕ；在标注“半径”尺寸时，尺寸数值自动带前缀 R。

当选择“圆周直径”时，立即菜单“4:”有两个选项：“正交”、“平行”。选择“正交”时，尺寸界线与水平轴或铅垂轴平行；选择“平行”时，立即菜单中增加了一项“旋转角”，用来指定尺寸线倾斜角度。

尺寸线和尺寸文字的标注位置随标注点动态确定。

图 9-19 所示为圆的标注图例。

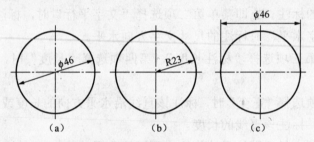

ϕ46
R23
ϕ46
（a）
（b）
（c）

图 9-19 圆的标注图例

（a）标注直径；（b）标注半径；（c）标注圆周直径

（6）圆弧的标注。当提示区出现“拾取标注元素”时，拾取要标注的圆弧，出现如图 9-20 所示的立即菜单。

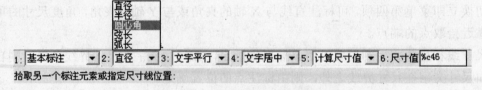

直径
半径
圆心角
弦长
弧长
1: 基本标注
2: 直径
3: 文字平行
4: 文字居中
5: 计算尺寸值
6: 尺寸值 %c46
拾取另一个标注元素或指定尺寸线位置:

图 9-20 “圆弧标注”立即菜单

立即菜单“2:”有 5 个选项：“直径”、“半径”、“圆心角”、“弦长”、“弧长”，这是标注圆弧的五种方式。

在标注“直径”时，尺寸数值自动带前缀ϕ；在标注“半径”尺寸时，尺寸数值自动带前缀 R；在标注“圆心角”时，尺寸数值自动带后缀。

尺寸线和尺寸文字的标注位置随标注点动态确定。

图 9-21 所示为圆弧标注图例。

R125
φ25
191.91°
24.9
41.9

（a）（b）（c）（d）（e）

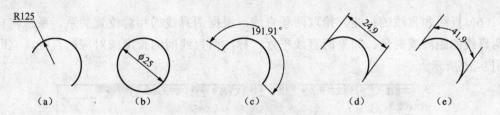

图 9-21 圆弧标注图例

（a）半径标注；（b）直径标注；（c）圆心角标注；（d）弦长标注；（e）弧长标注

2. 两个元素的标注

（1）点和点的标注。分别拾取点和点（屏幕点、几何关系点），标注两点之间的距离。立即菜单如图 9-22 所示。

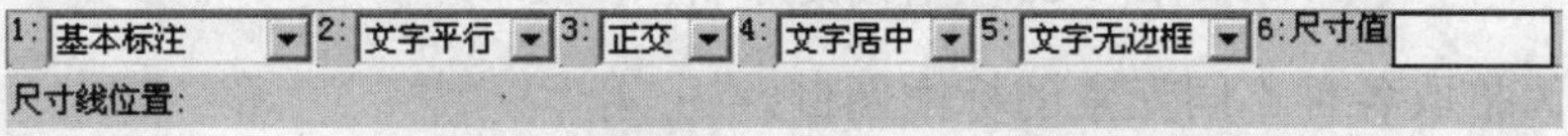

1: 基本标注
2: 文字平行
3: 正交
4: 文字居中
5: 文字无边框
6: 尺寸值
尺寸线位置:

图 9-22 “点和点的标注”立即菜单

通过对立即菜单“3：”中“正交”、“平行”的选择，可标出水平方向、铅垂方向或沿两点连线方向的尺寸。

（2）点和直线的标注。分别拾取点和直线，标注点到直线的距离。立即菜单如图 9-23 所示。

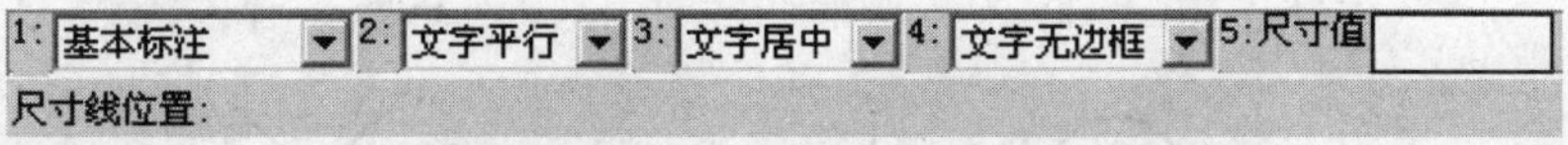

1: 基本标注
2: 文字平行
3: 文字居中
4: 文字无边框
5: 尺寸值
尺寸线位置:

图 9-23 “点和直线标注”立即菜单

尺寸线和尺寸文字的标注位置随标注点动态确定。

（3）点和圆（或点和圆弧）的标注。分别拾取点和圆（或圆弧），标注点到圆心的距离。立即菜单与点和点的标注相同。

注意 如果先拾取点，则点可以是任意点（屏幕点、几何关系点）；如果先拾取圆（或圆弧），则点不能是屏幕点。

（4）圆和圆（或圆和圆弧、圆弧和圆弧）的标注。分别拾取圆和圆（或圆和圆弧、圆弧和圆弧），标注两个圆心之间的距离。立即菜单与点和点的标注相同。

（5）直线和圆（或圆弧）的标注。分别拾取直线和圆（或圆弧），标注圆（或圆弧）的圆心（或切点）到直线的距离。立即菜单如图 9-24 所示。

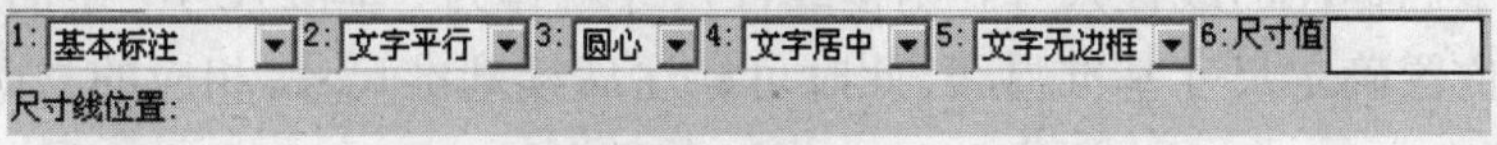

1: 基本标注
2: 文字平行
3: 圆心
4: 文字居中
5: 文字无边框
6: 尺寸值
尺寸线位置:

图 9-24 “直线和圆的标注”立即菜单

立即菜单“3：”有两个选项：“圆心”、“切点”，选择“圆心”时，标注圆周到直线的最短距离；选择“切点”时，标注切点到直线的距离。

（6）直线和直线的标注。拾取两条直线，根据两直线的相对位置关系，系统将自动标注两直线的距离或夹角。如果两直线平行，标注两直线间的长度或对应的直径，立即菜单如图 9-25 所示。

1: 基本标注 ▼	2: 文字平行 ▼	3: 直径 ▼	4: 文字居中 ▼	5: 文字无边框 ▼	6: 尺寸值
尺寸线位置:					

图 9-25 "直线和直线的标注"立即菜单

如果两直线不平行，标注两直线间的夹角，立即菜单如图 9-26 所示。

1: 基本标注 ▼	2: 度 ▼	3: 文字无边框 ▼	4: 计算尺寸值 ▼	5: 尺寸值 20%d
尺寸线位置:				

图 9-26 "直线夹角标注"立即菜单

图 9-27 为拾取各种不同元素的标注图例。

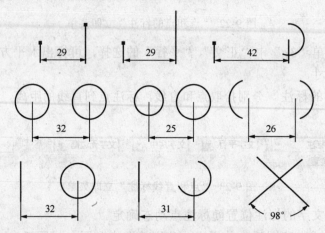

图 9-27 拾取不同元素的标注图例

9.2.2 基准尺寸

单击"标注"工具栏中的"尺寸标注"按钮，或者选择"标注"→"尺寸标注"命令，切换立即菜单第一项为"基准标注"，立即菜单变为如图 9-28 所示。

1: 基准标注 ▼
拾取线性尺寸或第一引出点:

图 9-28 "基准标注"立即菜单

若拾取一个已标注的线性尺寸，则该线性尺寸就作为"基准尺寸"中的第一基准尺寸，并按拾取点的位置确定尺寸基准界线。此时可标注后续基准尺寸，相应的立即菜单如图 9-29 所示。

1: 基准标注 ▼	2: 文字平行 ▼	3: 文字无边框 ▼	4: 尺寸线偏移 10	5: 尺寸值 计算值

图 9-29 "基准标注"立即菜单

立即菜单各项的含义如下。

第二项："文字平行/文字水平"，控制尺寸文字的方向。

第三项："尺寸线偏移"，指尺寸线间距，默认为10，用户可以修改。

第四项："尺寸值"，默认为实际测量值，用户可以输入。

给定第二引出点后，系统重复提示"第二引出点："，用户通过反复拾取适当的"第二引出点"，即可标注出一组"基准尺寸"。

若拾取一个第一引出点，则此引出点为尺寸基准界线的引出点，系统提示"拾取另一个引出点："，用户拾取另一个引出点后，立即菜单变为如图 9-30 所示。

1：基准标注 ▼	2：文字平行 ▼	3：正交 ▼	4：尺寸值 18.2

尺寸线位置：

图 9-30 "基准标注"立即菜单

立即菜单各项的含义如下。

第二项："文字平行/文字水平"，控制尺寸文字的方向。

第三项："正交/平行"，"正交"方式可以标注水平或者竖直方向，"平行"表示沿两点方向标注尺寸。

第四项："尺寸值"，默认为实际测量值，可以输入。

可以标注两个引出点间的 X 轴方向、Y 轴方向或沿两点方向的第一基准尺寸，系统重复提示"第二引出点："，此时，拾取另一个引出点后，立即菜单变为如图 9-31 所示。

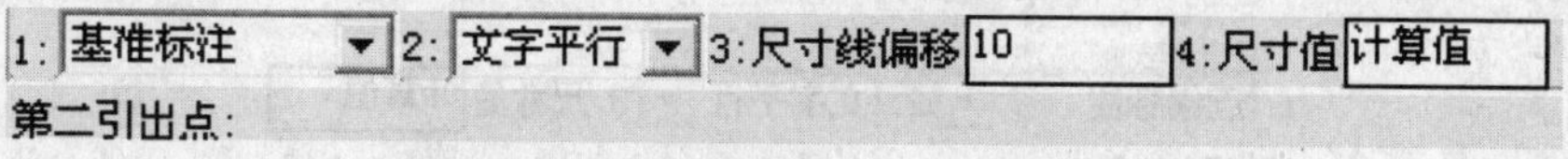

1：基准标注 ▼	2：文字平行 ▼	3：尺寸线偏移 10	4：尺寸值 计算值

第二引出点：

图 9-31 "基准标注"立即菜单

通过反复拾取适当的第二引出点，即可标注出一组基准尺寸。图 9-32 所示为基准标注的图例。

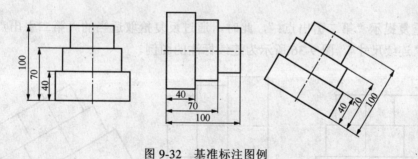

图 9-32 基准标注图例

9.2.3 连续尺寸

单击"标注"工具栏中的"尺寸标注"按钮，切换立即菜单第一项为"连续标注"。

"连续标注"根据拾取的元素不同，有两种标注方式，分别为"拾取一个已标注的线性尺寸”和“拾取引出点”。

1. 拾取一个已标注的线性尺寸

若拾取一个已标注的线性尺寸，则该线性尺寸就作为“连续尺寸”中的第一个尺寸，并按拾取点的位置确定尺寸基准界线，沿另一方向可标注后续的连续尺寸，此时相应的立即菜单如图 9-33 所示。

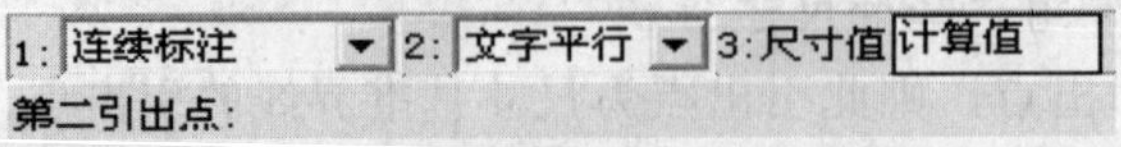

1: 连续标注
2: 文字平行
3: 尺寸值 计算值
第二引出点:

图 9-33 “连续标注”立即菜单

给定第二引出点后，系统重复提示“第二引出点:”，通过反复拾取适当的“第二引出点”，即可标注出一组连续尺寸。

2. 拾取引出点

若拾取一个第一引出点，则此引出点为尺寸基准界线的引出点，此时系统提示“尺寸线位置:”，如图 9-34 所示；用鼠标拖动尺寸线到恰当的位置，以后的尺寸线位置就与当前尺寸线位置平齐。

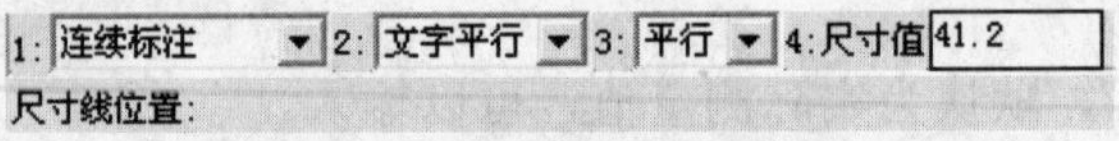

1: 连续标注
2: 文字平行
3: 平行
4: 尺寸值 41.2
尺寸线位置:

图 9-34 “连续标注”立即菜单

接着系统提示“拾取第二引出点:”，拾取第二引出点后，立即菜单变为如图 9-35 所示。

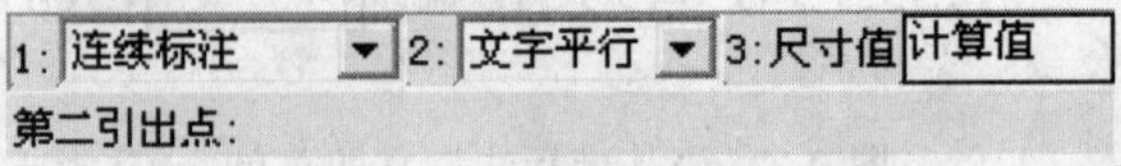

1: 连续标注
2: 文字平行
3: 尺寸值 计算值
第二引出点:

图 9-35 “连续标注”立即菜单

可以标注两个引出点间的 X 轴方向、Y 轴方向或沿两点方向的“连续尺寸”中的第一尺寸。

系统重复提示“第二引出点:”，此时，通过反复拾取适当的“第二引出点”，即可标注出一组“连续尺寸”。图 9-36 所示为连续标注的图例。

30
30
40
40
30
30
30
30
40

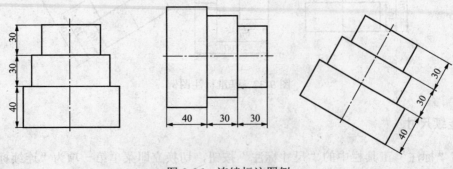

图 9-36 连续标注图例

9.2.4 三点角度

三点角度尺寸标注就是标注三个点之间的角度，按系统提示依次选择顶点、第一点、第二点以及标注文字的位置点即可生成三点角度尺寸。

进行三点角度标注的操作步骤如下。

（1）单击"标注"工具栏中的"尺寸标注"按钮，切换立即菜单"1："为"三点角度"，立即菜单如图 9-37 所示。

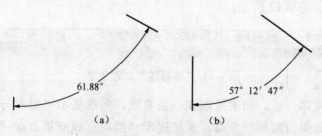

图 9-37 "三点角度"立即菜单

系统依次提示"顶点："、"第一点："、"第二点："；第一引出点和顶点的连线与第二引出点和顶点的连线之间的夹角即为"三点角度"标注的角度值。

（2）依次输入"顶点"、"第一点"、"第二点"后，用鼠标动态拖动尺寸线，在合适的位置确定尺寸线定位点即完成度分秒的标注。

（3）切换立即菜单为度标注，依次输入"顶点"、"第一点"、"第二点"后，用鼠标动态拖动尺寸线，在合适的位置确定尺寸线定位点即完成三点角度的标注。

图 9-38 所示为三点角度标注图例。

61.88°　　　（a）　　　　57° 12′ 47″　　　（b）

图 9-38 三点角度标注图例

（a）度标注；（b）度分秒标注

9.2.5 角度连续标注

进行角度连续标注的操作步骤如下。

（1）单击"标注"工具栏中的"尺寸标注"按钮，切换立即菜单第一项为"角度连续标注"，立即菜单变为如图 9-39 所示。

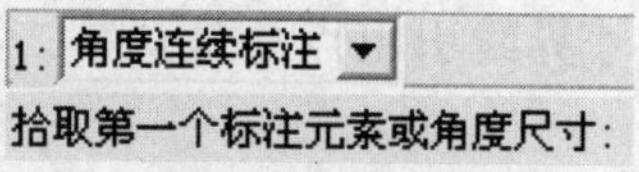

1: 角度连续标注 ▼

拾取第一个标注元素或角度尺寸：

图 9-39 "角度连续标注"立即菜单

（2）如果选择标注点，则系统依次提示"拾取第一个标注元素或角度尺寸"、"拾取角度起始点"、"拾取角度终止点"、"尺寸线位置"、"拾取下一个元素"、"尺寸线位置"，依次根据标注角度数量的多少进行拾取，右击，在弹出的快捷菜单中选择"退出"命令。

（3）如果选择标注线，则系统依次提示"拾取第一个标注元素或角度尺寸"、"拾取另一条直线"、"尺寸线位置"、"拾取下一个元素"、"尺寸线位置"，依次根据标注角度数量的多少进行拾取，右击，弹出快捷菜单，如图 9-41 所示，单击"退出"按钮确定退出。标注后如图 9-40 所示。

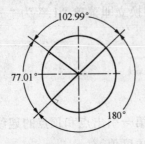

图 9-40　角度连续标注

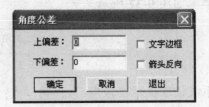

图 9-41　"角度公差"对话框

9.2.6　半标注

半标注用于标注图纸中只绘制出一半长度（宽度）的全尺寸。

单击"标注"工具栏中的"尺寸标注"按钮，切换立即菜单"1:"为"半标注"，立即菜单及系统提示如图 9-42 所示。

图 9-42　"半标注"立即菜单

（1）拾取直线或第一点。如果拾取到一条直线，系统提示"拾取与第一条直线平行的直线或第二点:"；如果拾取到一个点，系统提示"拾取直线或第二点:"。

（2）拾取第二点或直线。如果两次拾取的都是点，第一点到第二点距离的 2 倍为尺寸值；如果拾取的为点和直线，点到被拾取直线的垂直距离的 2 倍为尺寸值；如果拾取的是两条平行的直线，两直线之间距离的 2 倍为尺寸值。尺寸值的测量值在立即菜单中显示，也可以输入数值。输入第二个元素后，系统提示"尺寸线位置:"。

（3）确定尺寸线位置。用鼠标动态拖动尺寸线。在适当位置确定尺寸线位置后，即完成标注。

在立即菜单中可以选择直径标注、长度标注，并可以给出尺寸线的延伸长度。

需要说明的是，半标注的尺寸界线引出点总是从第二次拾取元素上引出，尺寸线箭头指向尺寸界线。

图 9-43 所示为半标注的图例。图 9-43（a）所示为两次拾取的都是点的标注形式；图 9-43（b）所示为第一次拾取的是点，第二次拾取的是直线的标注形式；图 9-43（c）所示为拾取两条平行直线的标注形式；图 9-43（d）所示为第一次拾取的是直线，第二次拾取的是点的标注形式。

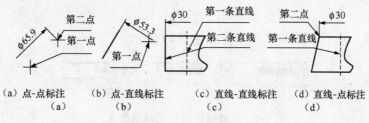

（a）点-点标注　　（b）点-直线标注　　（c）直线-直线标注　　（d）直线-点标注
　　（a）　　　　　　（b）　　　　　　　（c）　　　　　　　（d）

图 9-43　半标注图例

（a）点—点标注；（b）点—直线标注；（c）直线—直线标注；（d）直线—点标注

9.2.7　大圆弧标注

单击"标注"工具栏中的"尺寸标注"按钮，切换立即菜单"1："为"大圆弧标注"，立即菜单如图 9-44 所示。

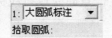

图 9-44　"大圆弧标注"立即菜单（一） 　　　　图 9-45　"大圆弧标注"立即菜单（二）

（1）拾取圆弧。拾取圆弧之后，圆弧的尺寸值在立即菜单中显示。也可以在立即菜单"尺寸值"中输入尺寸值。

（2）指定第一引出点和第二引出点。

（3）指定定位点。依次指定第一引出点、第二引出点和定位点后即完成大圆弧标注。大圆弧标注示例如图 9-46 所示。

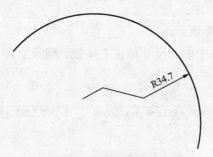

图 9-46　大圆弧标注示例

9.2.8　射线标注

射线标注就是在带有箭头的射线上标注出射线段两点之间的长度。

单击"标注"工具栏中的"尺寸标注"按钮，切换立即菜单"1："为"射线标注"，如图 9-47 所示。

图 9-47　"射线标注"立即菜单（一） 　　　　图 9-48　"射线标注"立即菜单（二）

（1）指定第一点后，系统提示"第二点："。

（2）指定第二点后，立即菜单变为如图 9-49 所示。

| 1: 射线标注 ▼ | 2: 文字居中 ▼ | 3: 尺寸值 9.7 |
定位点：

图 9-49 "射线标注"立即菜单（三）

立即菜单中各选项的含义如下。

文字居中/文字拖动："文字居中"表示文字在尺寸线的中间，"文字拖动"表示尺寸文字可以用鼠标拖动到任何位置。

尺寸值：尺寸值默认为第一点到第二点的距离，也可以在立即菜单"3：尺寸值"文本框中输入尺寸值。

（3）指定定位点。拖动尺寸线，在适当位置指定文字定位点即完成射线标注。图 9-50 所示为射线标注的图例。

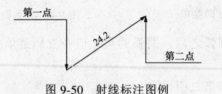

图 9-50 射线标注图例

9.2.9 锥度标注

进行锥度标注的操作步骤如下。

（1）单击"标注"工具栏中的"尺寸标注"按钮，切换立即菜单第一项为"锥度标注"，立即菜单如图 9-51 所示。

| 1: 锥度标注 ▼ | 2: 锥度 ▼ | 3: 正向 ▼ | 4: 加引线 ▼ | 5: 文字无边框 ▼ | 6: 尺寸值 计算值 |
拾取轴线：

图 9-51 锥度标注立即菜单

（2）拾取轴线后，系统提示"拾取直线："；拾取直线后，在立即菜单中显示默认尺寸值。也可以输入尺寸值，系统提示"定位点："。

（3）输入定位点。用鼠标拖动尺寸线，在适当位置输入文字定位点即完成锥度标注。

立即菜单各选项的含义如下。

锥度/斜度：斜度的默认尺寸值为被标注直线相对轴线高度差与直线长度的比值，用 1:X 表示；锥度的默认尺寸值是斜度的 2 倍。

正向/反向：用来调整锥度或斜度符号的方向。

加引线/不加引线：控制是否加引线。

图 9-52 所示为锥度标注的图例。

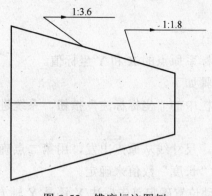

图 9-52 锥度标注图例

9.2.10 曲率半径标注

进行曲率半径标注的操作步骤如下。

曲率半径标注是对样条线进行曲率半径的标注。

（1）单击"标注"工具栏中的"尺寸标注"按钮，切换立即菜单第一项为"曲率半径标注"，立即菜单如图 9-53 所示。

图 9-53 "曲率半径标注"立即菜单

（2）在立即菜单"2："中选择"文字水平"或者"文字平行"，在"3："中选择"文字居中"或者"文字拖动"，系统提示"拾取标注元素"；拾取要标注的样条线，给出标注线位置，样条线曲率半径标注完成。

9.3 坐标标注

坐标标注用于标注选定点或圆心（孔位）的坐标值尺寸。

进行坐标标注的操作步骤如下。

（1）单击"标注"工具栏中的"坐标标注"按钮 ，或者输入命令 Dimco，出现如图 9-54 所示的立即菜单。

（2）选择"原点标注"选项后，立即菜单变为如图 9-54 所示，下面分别介绍各选项。

图 9-54 "坐标标注"立即菜单

图 9-55 "坐标标注"下拉列表

9.3.1　原点标注

原点标注指标注当前坐标系原点的 X 和 Y 坐标值。

进行原点标注的操作步骤如下。

（1）单击"标注"工具栏中的"坐标标注"按钮，系统进入原点标注的状态，立即菜单如图 9-54 所示。

（2）输入第二点或长度。尺寸线从原点出发，用第二点确定标注尺寸文字的定位点，这个定位点也可以通过输入"长度"数值来确定。

（3）根据鼠标指针的拖动位置确定首先标注 X 还是 Y 轴方向上的坐标。输入第二点或长度后，系统接着提示"第二点或长度："。如果只需要标注一个坐标轴方向的标注，右击或按 Enter 键结束；如果还需要标注另一个坐标轴方向的标注，接着输入第二点或长度即可。

（4）原点标注的格式用立即菜单中的选项来选定。立即菜单各选项的含义如下。

尺寸线双向/尺寸线单向：尺寸线双向指尺寸线从原点出发，分别向坐标轴两端延伸；尺寸线单向指尺寸线从原点出发，向坐标轴靠近拖动点一端延伸。

文字双向/文字单向：当尺寸线双向时，文字双向指在尺寸线两端均标注尺寸值；文字单向指只在靠近拖动点一端标注尺寸值。

X 轴偏移：原点的 X 坐标值。

Y 轴偏移：原点的 Y 坐标值。

图 9-56 所示为原点标注的图例。

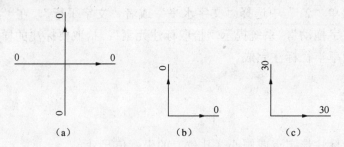

图 9-56　原点标注图例

（a）文字、尺寸线双向；（b）文字、尺寸线单向；（c）X、Y 轴偏移

9.3.2　快速标注

快速标注用于标注当前坐标系下任何一个标注点的 X 或 Y 坐标值，标注格式由立即菜单给定，用户只需输入标注点就能完成标注。

进行快速标注的操作步骤为：单击"标注"工具栏中的"坐标标注"按钮，切换立即菜单到"快速标注"，立即菜单如图 9-57 所示。

| 1:快速标注 ▼ | 2:正负号 ▼ | 3:Y 坐标 ▼ | 4:延伸长度 3 | 5:尺寸值 计算值 |

标注点：

图 9-57　"快速标注"立即菜单

给出标注点后，即可快速标注相应的坐标值，标注格式由立即菜单中的选项控制。

立即菜单各选项的含义如下。

正负号/正号：在尺寸值等于"计算值"时，选择"正负号"，则所标注的尺寸值取实际值（如果是负数保留负号）；若选择"正号"，则所标注的尺寸值取绝对值。

Y 坐标/X 坐标：控制 X 或 Y 坐标值。

延伸长度：控制尺寸线的长度。尺寸线长度为延伸长度加文字字串长度。默认为 3，也可以按组合键 Alt＋4 输入数值。

尺寸值：如果立即菜单第三项为"Y 坐标"时，默认尺寸值为标注点的 Y 坐标值；否则为标注点的 X 坐标值。也可以按组合键 Alt＋5 输入尺寸值，此时正负号控制不起作用。

图 9-58 所示为快速标注的图例。

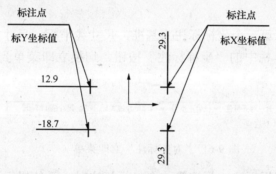

图 9-58　快速标注图例

9.3.3　自由标注

自由标注用于标注当前坐标系下任何一个标注点的 X 或 Y 坐标值，标注格式由用户给定。

单击"标注"工具栏中的"坐标标注"按钮，切换立即菜单到"自由标注"，立即菜单如图 9-59 所示。

（1）给定标注点。给定标注点后，在立即菜单中显示标注点的 X 或 Y 坐标值（由拖动点确定是 X 还是 Y 坐标值）。系统接着提示"定位点："。

图 9-59　"自由标注"立即菜单

（2）给定定位点。用鼠标拖动尺寸线方向（X 或 Y 轴方向）及尺寸线长度，在合适位置单击。定位点也可以用其他点输入方式给定（如键盘、工具点等）。

立即菜单各选项的含义如下。

正负号/正号：选择"正负号"，则所标注的尺寸值为实际值（如果是负数保留负号）；选择"正号"，则所标注的尺寸值取绝对值。

尺寸值：默认为标注点的 X 或 Y 坐标值。也可以用按组合键 Alt＋3 输入尺寸值，此时正负号控制不起作用。

图 9-60 所示为自由标注的图例。

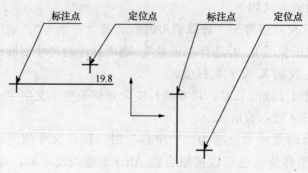

图 9-60　自由标注图例

9.3.4　对齐标注

对齐标注为一组以第一个坐标标注为基准，尺寸线平行，尺寸文字对齐的标注。

单击"标注"工具栏中的"坐标标注"按钮，切换立即菜单到"对齐标注"，立即菜单如图 9-61 所示。

> 1: 对齐标注 ▼ 2: 正负号 ▼ 3: 尺寸线关闭 ▼ 4: 尺寸值 计算值
> 标注点:

图 9-61　"对齐标注"立即菜单（一）

（1）标注第一个坐标标注。标注第一个坐标标注时，系统提示"标注点："，标注方法与自由标注相同。

（2）标注后续坐标尺寸。标注第一个坐标尺寸后，对后继的坐标尺寸，系统出现提示"标注点："，选定一系列标注点，即可完成一组尺寸文字对齐的坐标标注。

对齐标注格式由立即菜单各选项确定。当立即菜单第三项选择"尺寸线打开"时，立即菜单中增加了一项"箭头关闭/箭头打开"，如图 9-62 所示。

> 1: 对齐标注 ▼ 2: 正负号 ▼ 3: 尺寸线打开 ▼ 4: 箭头关闭 ▼ 5: 尺寸值 计算值
> 标注点:

图 9-62　"对齐标注"立即菜单（二）

立即菜单各选项的含义如下。

正负号/正号：选择"正负号"，则所标注的尺寸值取实际值（如果是负数保留负号）；选择"正号"，则所标注的尺寸值取绝对值。

尺寸线关闭/打开：控制在对齐标注下是否要画出尺寸线。

箭头关闭/打开：只有尺寸线处于打开状态时才出现，控制尺寸线一端是否要画出箭头。

尺寸值：默认为标注点坐标值。也可以按组合键 Alt＋4（当尺寸线关闭时）或 Alt＋5（当尺寸线打开时）输入尺寸值，此时正负号控制不起作用。

图 9-63 所示为对齐标注的图例。

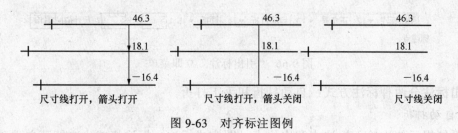

图 9-63　对齐标注图例

9.3.5　孔位标注

孔位标注为标注圆心或点的 X、Y 坐标值。

进行孔位标注的操作步骤如下。

（1）单击"标注"工具栏中的"坐标标注"按钮，切换立即菜单到"孔位标注"，立即菜单如图 9-64 所示。

> 1：孔位标注 ▼ 2：正负号 ▼ 3：孔内尺寸线打开 ▼ 4：X延伸长度 3　 5：Y延伸长度 3
> 拾取圆或点：

图 9-64　"孔位标注"立即菜单

（2）根据提示拾取圆或点后，标注圆心或一个点的 X、Y 坐标值。

立即菜单各选项的含义如下。

正负号/正号：选择"正负号"，则所标注的尺寸值取实际值（如果是负数保留负号）；选择"正号"，则所标注的尺寸值取绝对值。

孔内尺寸线打开/关闭：控制标注圆心坐标时，位于圆内的尺寸界线是否画出。

X 延伸长度：控制沿 X 坐标轴方向，尺寸界线延伸出圆外的长度或尺寸界线自标注点延伸的长度。默认值为 3，用户可以修改。

Y 延伸长度：控制沿 Y 坐标轴方向，尺寸界线延伸出圆外的长度或尺寸界线自标注点延伸的长度。默认值为 3，用户可以修改。

图 9-65 所示为孔位标注的图例。

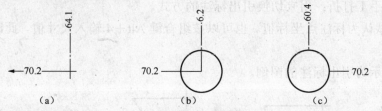

图 9-65　孔位标注图例

（a）点标注；（b）孔标注（孔内尺寸线打开）；（c）孔标注（孔内尺寸线关闭）

9.3.6　引出标注

用于坐标标注中尺寸线或文字过于密集时，将数值标注引出来的标注。

单击"标注"工具栏中的"坐标标注"按钮，切换立即菜单到"引出标注"，立即菜单如图 9-66 所示。

1: 引出标注 ▼ 2: 正负号 ▼ 3: 自动打折 ▼ 4: 顺折 ▼ 5:L 5 6:H 5 7:尺寸值 计算值
标注点:

图 9-66 "引出标注"立即菜单

引出标注分两种标注方式：自动打折和手工打折。

1. 自动打折

按系统提示依次输入标注点和定位点，即完成标注。标注格式由立即菜单选项控制。立即菜单各选项的含义如下。

正负号/正号：当尺寸值为默认值时，控制尺寸值的正负号。选择"正负号"，则所标注的尺寸值取实际值（如果是负数保留负号）；选择"正号"，则所标注的尺寸值取绝对值。

自动打折/手工打折：用来切换引出标注的方式。

顺折/逆折：控制转折线的方向。

L：控制第一条转折线的长度。

H：控制第二条转折线的长度。

尺寸值：默认为标注点坐标值。也可以按组合键 Alt＋7 输入尺寸值，此时正负号控制不起作用。

2. 手工打折

切换立即菜单第三项为"手工打折"，立即菜单变为如图 9-67 所示。

1: 引出标注 ▼ 2: 正负号 ▼ 3: 手工打折 ▼ 4:尺寸值 计算值
标注点:

图 9-67 "手工打折"立即菜单

按系统提示依次输入标注点、第一引出点、第二引出点和定位点，即完成标注。

立即菜单各选项的含义如下。

正负号/正号：当尺寸值为默认值时，控制尺寸值的正负号。选择"正负号"，则所标注的尺寸值取实际值（如果是负数保留负号）；选择"正号"，则所标注的尺寸值取绝对值。

自动打折/手工打折：用来切换引出标注的方式。

尺寸值：默认为标注点坐标值。也可以按组合键 Alt＋4 输入尺寸值，此时正负号控制不起作用。

图 9-68 所示为引出标注的图例。

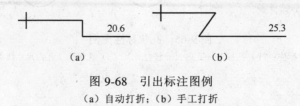

（a）　　　　　　　　　　　（b）

图 9-68　引出标注图例
（a）自动打折；（b）手工打折

9.3.7　自动列表

自动列表指以表格的方式列出标注点、圆心或样条插值点的坐标值。

单击"标注"工具栏中的"坐标标注"按钮，切换立即菜单到"自动列表"，立即菜单如图 9-69 所示。

1: 自动列表 ▼ 2: 正负号 ▼ 3: 加引线 ▼
输入标注点或拾取圆（弧）或样条:

图 9-69 "自动列表"立即菜单（一）

1. 样条插值点坐标的标注

如果输入第一个标注点时拾取到样条，立即菜单变为如图 9-70 所示。

1: 自动列表 ▼ 2: 正负号 ▼ 3: 加引线 ▼ 4: 符号 A
序号插入点

图 9-70 "自动列表"立即菜单（二）

立即菜单各选项的含义如下。

正负号/正号：控制尺寸值的正负号。选择"正负号"，则所标注的坐标值取实际值（如果是负数保留负号）；选择"正号"，则所标注的坐标值取绝对值。

加引线/不加引线：控制从拾取点到符号之间是否加引出线。

符号：引出线上的标记。默认为 A，可以按组合键 Alt＋4 输入所需符号。输入序号插入点后，立即菜单变为如图 9-71 所示。

1: 序号域长度 11   2: 坐标域长度 21   3: 表格高度 7   4: 单列最多行数 20
定位点:

图 9-71 "自动列表"立即菜单（三）

输入定位点后，弹出如图 9-72 所示的对话框，单击"确定"按钮，即完成标注。

如果表格总行数大于立即菜单中设定的行数，则需要分别输入每个表格的定位点。

立即菜单各选项的含义如下。

序号域长度：控制表格中"序号"一列的长度。

坐标域长度：控制表格中"X 坐标"和"Y 坐标"列的长度。

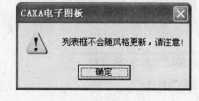

图 9-72 提示对话框

表格宽度：控制表格每行的宽度。

单列最多行数：控制一次最多输出表格的行数。如果表格总行数为 25，"单列最多行数"设为 15，则输出两个表格，第一个表格的行数为 15，第二个表格的行数为 10。

2. 点及圆心坐标的标注

（1）拾取标注点或拾取圆（圆弧）后，系统提示 "序号插入点:"。

（2）输入序号插入点后，系统重复提示"输入标注点或拾取圆（弧）:"。

（3）输入一系列标注点后，右击或按 Enter 键，立即菜单变为如图 9-69 所示，以下操作步骤与拾取样条时相同，只是在输出表格时，如果有圆（或圆弧），表格中增加一列直径 Φ。

图 9-73 所示为自动列表的图例。

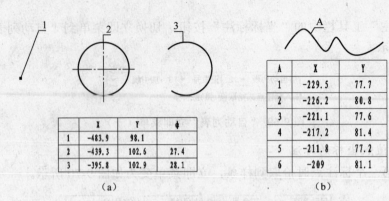

图 9-73　自动列表图例

（a）点或圆（弧）的标注；（b）样条的标注

注意　列表框不会随风格更新。

9.4　倒角标注

倒角标注主要用于标注倒角尺寸。

进行倒角标注的操作步骤如下。

单击"标注"工具栏中的"倒角标注"按钮 ，或者输入命令 Dimch。弹出立即菜单如图 9-74 所示。

通过修改下拉条中的选项可以选择倒角线的轴线，如图 9-75 所示。

轴线方向为 X 轴方向：轴线与 X 轴平行。

轴线方向为 Y 轴方向：轴线与 Y 轴平行。

拾取轴线：自定义轴线。

（1）系统提示"拾取倒角线："，拾取一段倒角后，弹出立即菜单如图 9-76 所示。

图 9-74 "倒角标注"立即菜单（一）　图 9-75 "倒角标注"下拉菜单（二）　　图 9-76 "尺寸值"立即菜单

（2）在立即菜单中显示该直线的标注值，也可以按组合键 Alt＋1 或者在"1：尺寸值"文本框中输入标注值。

图 9-77 所示为倒角标注的图例。

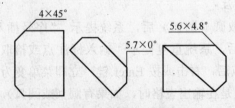

图 9-77　倒角标注图例

9.5 "0"标注

"0"标注功能是为了说明两条直线间间距为 0。

单击"标注"工具栏中的"尺寸标注"按钮，切换立即菜单"1:"为"基本标注"。拾取需要标注的两条直线，即可完成标注（图 9-78）。

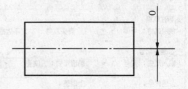

图 9-78　直线和中心线之间的距离为 0

9.6 尺寸公差标注

尺寸公差的标注有以下两种方法。

方法一：在尺寸标注时右击，弹出"尺寸标注属性设置"对话框，如图 9-79 所示。

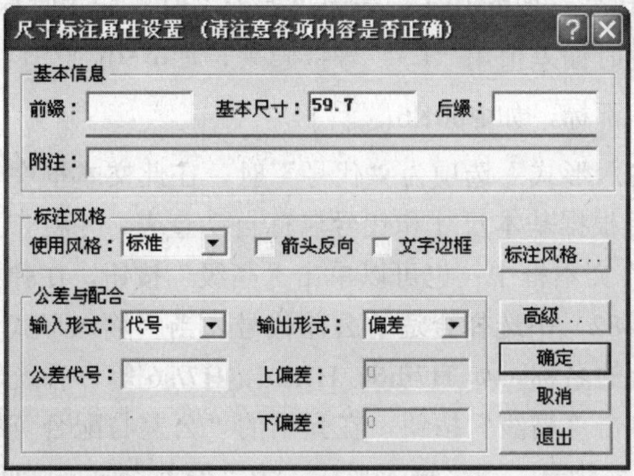

图 9-79　"尺寸标注属性设置"对话框

对话框中各选项说明如下。

前缀：填写对尺寸值的描述或限定，如表示直径的"%c"，表示个数的"6-"，也可以是"("，一般和后缀中的")"一起使用。

基本尺寸：默认为实际测量值，可以输入数值。

后缀：填写内容无限定，与前缀同。

附注：填写对尺寸的说明或其他注释。

按图 9-80 填写后生成如图 9-81 所示的标注。

输入形式：输入形式有三种选项，分别为"代号"、"偏差"和"配合"，用此项控制公差的输入方式。当"输入形式"为"代号"时，系统根据在"代号"文本框中输入的代号名称自动查询上下偏差，并将查询结果在"上偏差"和"下偏差"文本框中显示；当为"偏差"时，由用户自己输入偏差值；当为"配合"时，在"代号"文本框中输入配合符号，如"H8/h7"，不管"输出形式"是什么，输出时按代号标注。图 9-84 所示为"尺寸标注属性设置"对话框。

191

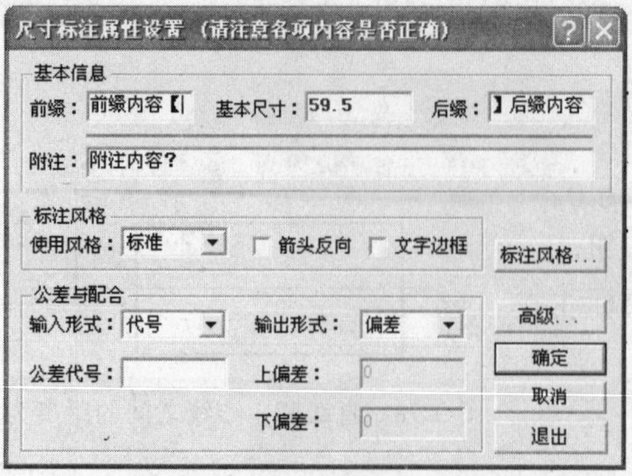

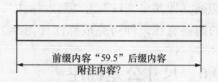

图 9-80 "尺寸标注属性设置"对话框

图 9-81 标注后显示

输出形式：输出形式有四种选项，分别为"代号"、"偏差"、"（偏差）"和"代号（偏差）"，用此项控制公差的输出方式（"输入形式"为"配合"时除外）。当"输出形式"为"代号"时，标注时标代号，如Φ50K6；当为"偏差"时，标注时标偏差，如$\Phi 50^{+0.003}_{-0.013}$；当为"（偏差）"时，标注时偏差值用"（）"号括起来，如$\Phi 50\left({}^{+0.003}_{-0.013}\right)$；当为"代号（偏差）"时，标注时代号和偏差都标，如$\Phi 50K6\left({}^{+0.003}_{-0.013}\right)$。

公差代号：当"输入形式"选项为"代号"时，在此文本框中输入公差代号名称，如H7、h7、k8等，系统将根据基本尺寸和代号名称自动查表，并将查到的上下偏差值显示在"上偏差"和"下偏差"文本框中；也可以单击"高级"按钮，在弹出的"公差与配合可视化查询"对话框（图9-82）中选择合适的公差代号。当"输入形式"选项为"配合"时，在此文本框中输入配合的名称，如 H7/h6、H7/k6、H7/s6 等，系统输出时将按所输入的配合进行标注；也可以单击"高级"按钮，在弹出的"公差与配合可视化查询"对话框（图9-83）中选择合适的公差代号。当"输入形式"为"偏差"时，则此文本框为不可用状态，直接在"上偏差"、"下偏差"文本框中输入。

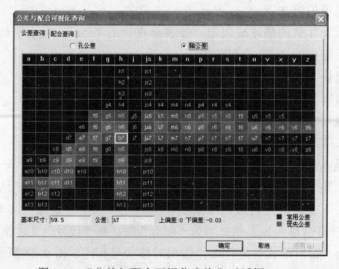

图 9-82 "公差与配合可视化查询"对话框（一）

图 9-83 "公差与配合可视化查询"对话框（二）

上偏差：如"输入形式"为"代号"时，在此文本框中显示查询到的上偏差值。也可以在此文本框中输入上偏差值。

下偏差：如"输入形式"为"代号"时，在此文本框中显示查询到的下偏差值。也可以在此文本框中输入下偏差值。

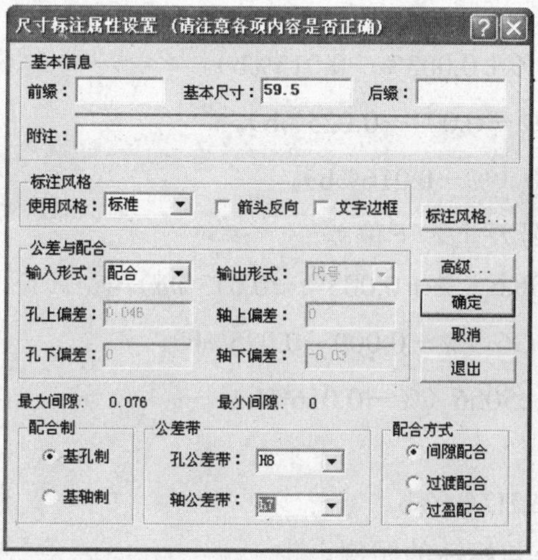

图 9-84 "尺寸标注属性设置"对话框

方法二：在尺寸标注或尺寸编辑中，当立即菜单中出现"尺寸值=xx"项时，选择该选项，在文本框中输入。尺寸公差可以用特殊字符的输入来实现。

1. 特殊符号的输入

在尺寸值输入中，一些特殊符号，如直径符号"ϕ"（可用动态键盘输入）、角度符号"°"、公差的上下偏差值等，可通过 CAXA 电子图板 2007（企业版）规定的前缀和后缀符号来实现。

➢ 直径符号：用%c 表示。例如输入%c50，则标注为ϕ50。

➢ 角度符号：用%d 表示。例如输入 50%d，则标注为 50°。

> 公差符号"±":用%p 表示。例如输入 50%p0.5,则标注为 50±0.5,偏差值的字高与尺寸值字高相同。

> 上、下偏差值:格式为%加上偏差值加%加下偏差值加%b,偏差值必须带符号,偏差为零时省略,系统自动把偏差值的字高选用比尺寸值字高小一号,并且自动判别上、下偏差,自动布置其书写位置,使标注格式符合国家标准的规定。例如输入 50%+0.003%−0.013%b,则标注为 $50^{+0.003}_{-0.013}$。

> 上、下偏差值后的后缀:后缀为%b,系统自动把后续字符的字体高度恢复为尺寸值的字高来标注。

2. 尺寸公差标注举例

> 只标注公差代号

例如输入 50K6、φ50K6、φ50H6、50G6、φ50K6、φ50H6。其中,输入 φ 时,要输入%c 等。

> 只标注上、下偏差

$50^{+0.003}_{-0.013}$ 应输入 50%+0.003%−0.013%b。

$\phi50^{+0.003}_{-0.013}$ 应输入%c50%+0.003%−0.013%b。

$\phi50^{+0.016}_{0}$ 应输入%c50%+0.016%b。

> 标注(偏差)

$50\left(^{+0.003}_{-0.013}\right)$ 应输入 50(%+0.003%−0.013%b)。

$50\left(^{-0.009}_{-0.025}\right)$ 应输入 50(%−0.009−0.025%b)。

$\phi50\left(^{0}_{-0.016}\right)$ 应输入%c50(%−0.016%b)。

> 同时标注公差代号及上、下偏差

$50K6\left(^{+0.003}_{-0.013}\right)$ 应输入 50K6(%+0.003%−0.013%b)。

$50G6\left(^{-0.009}_{-0.025}\right)$ 应输入 50G6(%−0.009−0.025%b)。

$\phi50H6\left(^{0}_{-0.016}\right)$ 应输入%c50h6(%−0.016%b)。

> 标注配合

$\phi50\frac{H7}{h6}$ 应输入%c50%&H7/h6%b。

图 9-85 所示为尺寸公差标注的图例。

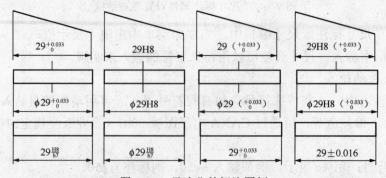

图 9-85 尺寸公差标注图例

9.7 文字标注

本节介绍"格式"菜单中的"文本风格"命令，然后介绍"标注"菜单中的"文字标注"、"引出说明"、"剖面位置"命令。

9.7.1 文本风格

可以将在不同场合经常会用到的几组文字参数的组合定义成字型，存储到图形文件或模板文件中，以便于以后使用。字型管理功能就是为这个目的服务的。

选择"格式"→"文本风格"命令，或者输入命令 Textpara，弹出如图 9-86 所示的"文本风格"对话框。

在"当前风格"下拉列表框中，列出了当前文件中所有已定义的字型。如果尚未定义字型，则系统预定义了一个叫"标准"的默认字型，该默认字型不能被删除或改名，但可以编辑。通过在此下拉列表框中选择不同选项，可以切换当前字型。随着当前字型的变化，对话框下部列出的字型参数相应变化为当前字型对应的参数，预显框中的显示也随之变化。

对字型可以进行四种操作：创建、更新、改名、删除。修改了任何一个字型参数后，"创建"和"更新"按钮变为可用状态。

单击"创建"按钮，将弹出如图 9-87 所示的对话框，以供输入一个新字型名，系统用修改后的字型参数创建一个以输入的名字命名的新字型，并将其设置为当前字型。

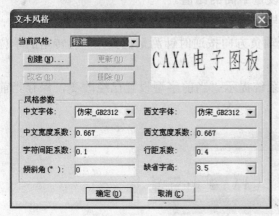

图 9-86 "文本风格"对话框（一）

图 9-87 "请输入新的风格名"对话框

单击"更新"按钮，系统将当前字型的参数更新为修改后的值。当前字型不是默认字型时，"改名"和"删除"按钮为可用状态。

单击"改名"按钮，可以为当前字型起一个新名字；单击"删除"按钮则删除当前字型。

下面介绍"风格参数"选项组中的选项。

中文字体：可选择中文字体的风格，如图 9-88 所示，除了 Windows 自带的文本风格外还可以选择单线体（形文件）风格。选定字体后，在右上角的预显框中可以看到预览效果。

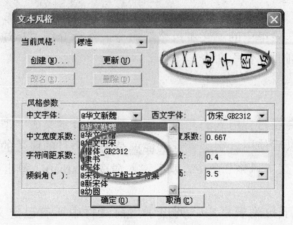

图 9-88　"文本风格"对话框（二）

西文字体：选择方式与中文相同，只是限定的是文字中的西文。同样可以选择单线体（形文件）。

中文宽度系数、西文宽度系数：当宽度系数为 1 时，文字的长宽比例与 TrueType 字体文件中描述的字型保持一致；为其他值时，文字宽度在此基础上缩小或放大相应的倍数。

字符间距系数：同一行（列）中两个相邻字符的间距与设定字高的比值。

行距系数：横写时两个相邻行的间距与设定字高的比值。

列距系数：竖写时两个相邻列的间距与设定字高的比值。

旋转角：横写时为一行文字的延伸方向与坐标系的 X 轴正方向按逆时针测量的夹角；竖写时为一列文字的延伸方向与坐标系的 Y 轴负方向按逆时针测量的夹角。旋转角的单位为角度。

选择字型参数后，单击"确定"按钮，系统提示"当前字型设置已经改变，保存当前设置吗？"（图 9-89）。

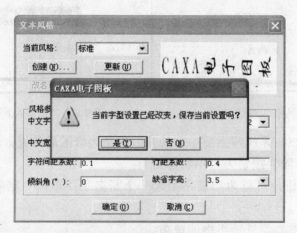

图 9-89　参数设置保存提示

如果单击"是"，对当前设置进行保存。这时电子图板中该标注风格已经随着设置的保存进行关联变化。单击"否"，不保存当前设置，重新打开电子图板时，文字参数的设置是系统默认参数。

9.7.2 文字标注

文字标注用于在图纸上填写各种技术说明，包括技术要求等。

单击"绘图"工具栏中的"文字"按钮 **A**，或者输入命令 Text，出现如图 9-90 所示的立即菜单。

"1:"中有"指定两点"、"搜索边界"和"拾取曲线"等三个选项，含义如下。

指定两点：根据提示用鼠标指定要标注文字的矩形区域的第一角点和第二角点。

搜索边界：指定边界内一点和边界间距系数，系统将根据指定的区域结合对齐方式决定文字的位置。

拾取曲线：指定一条曲线，系统根据指定的曲线节对齐方式决定文字沿曲线的分布位置。

根据提示用鼠标指定要标注文字的矩形区域的第一角点和第二角点或者指定边界内一点和边界间距系数，系统将根据指定的区域结合对齐方式决定文字的位置。如果选择拾取曲线，则会提示拾取文字标注的方向。

确定文字标注区域后，弹出"文字标注与编辑"对话框，如图 9-91 所示，可以在文本框中输入文字，文本框下面显示出当前的文字参数设置。

> **提示** 如果选择拾取曲线，则会提示拾取文字标注的方向；文字选择方向不同，则产生不同的标注效果。图 9-92 所示为沿曲线生成文字示例。

图 9-90 "文字标注"立即菜单

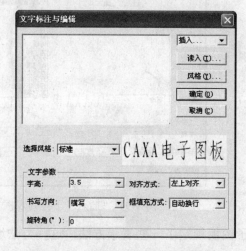

图 9-91 "文字标注与编辑"对话框

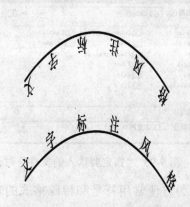

图 9-92 沿曲线生成文字示例

"文字标注与编辑"对话框各选项的含义如下。

对齐方式：对齐方式指生成的文字与指定的区域的相对位置关系。例如："左上对齐"指文字实际占据区域的左上角与指定区域的左上角重合；"中间对齐"指文字实际占据区域的中心与指定区域的中心重合，其余依此类推。

书写方向："横写"指从文字的观察方向看，文字是从左向右；"竖写"指从文字的观察方向看，文字是从上向下。

框填充方式：有"自动换行"、"压缩文字"和"手动换行"三种方式。"自动换行"指文字到达指定区域的右边界（横写时）或下边界（竖写时）时，自动以汉字、单词、数字或标点符号为单位换行，并可以避头尾字符，使文字不会超过边界（例外情况是，当指定的区域很窄而输入的单词、数字或分数等很长时，为保证不将一个完整的单词、数字或分数等结构拆分到两行，生成的文字会超出边界）；"压缩文字"指当指定的字型参数会导致文字超出指定区域时，系统自动修改文字的高度、中西文宽度系数和字符间距系数，以保证文字完全在指定的区域内；"手动换行"指在输入标注文字时只要按 Enter 键，就能完成文字换行。

旋转角：横写时为一行文字的延伸方向与坐标系的 X 轴正方向按逆时针测量的夹角；竖写时为一列文字的延伸方向与坐标系的 Y 轴负方向按逆时针测量的夹角。旋转角的单位为角度。

如果要标注的文字已事先存到了文件里，则可以单击"读入"按钮，弹出如图 9-93 所示的对话框，单击"打开"按钮，则文件的内容被读入文本框中。

在标注横写文字时，文字中可以包含偏差、上下标、分数、粗糙度、上划线、中间线、下划线以及 φ、°、± 等常用符号。如图 9-94 所示；对话框右上角的下拉列表框即用于辅助输入这些符号和格式。

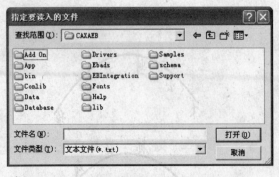

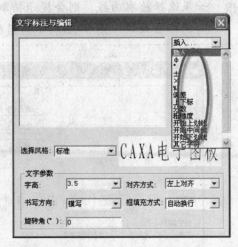

图 9-93 "指定要读入的文件"对话框　　　　图 9-94 "插入"下拉列表框

为方便常用符号和特殊格式的输入，电子图板规定了一些表示方法，这些方法均以%作为开始标志。

选择"%"等价于在文本框中输入"%%"，主要用于输出字符串"%p"、"%c"等。例如：输入的字符串是"%%p%%c%%d"，输出为"%p%c%d"。选择"φ"等价于在文本框中输入"%c"，用于输出"φ"。

选择"°"等价于在文本框中输入"%d"，用于输出"°"。

选择"±"等价于在文本框中输入"%p"，用于输出"±"。

选择"开始下划线"（或"结束下划线"）等价于在文本框中输入"%u"，如选择"开始下划线"后，后面再选特殊符号组合框时，相应项将变为"结束下划线"，或与之相反。用于开始或结束给文字加下划线。

选择"开始中间线"（或"结束中间线"）等价于在文本框中输入"%m"，如当前选了"开始中间线"后，后面再选特殊符号组合框时，相应项将变为"结束中间线"，或与之相反，用于开始或结束给文字加中间线。

选择"开始上划线"（或"结束上划线"）等价于在文本框中输入"%o"，如选择"开始上划线"后，后面再选特殊符号组合框时，相应项将变为"结束上划线"，或与之相反，用于开始或结束给文字加上划线。

选择"偏差"弹出如图 9-95 所示的对话框。

在"上偏差"、"下偏差"文本框中输入上下偏差，按 Enter 键或单击"确定"按钮结束公差输入，输入的上偏差必须大于下偏差。其等价输入格式为：%*p 上偏差%*p 下偏差%b。上下偏差必须加正负号，等于 0 时可以不输入。

例如："上偏差"文本框中输入 0.005，"下偏差"文本框中输入－0.004，单击"确定"按钮，在文字文本框的当前位置添加了字符串%＋0.005%－0.004%b，假定在这个字符串前面的字符串是"15"，后面没有字符，整个字符串就是"12 %*p0.005%*p－0.004%*b"，生成文字如右图所示，$15^{+0.005}_{-0.004}$。

选择"分数"，弹出如图 9-96 所示的对话框。

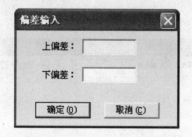

图 9-95 "偏差输入"对话框

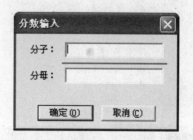

图 9-96 "分数输入"对话框

在"分子"文本框中输入分子，"分母"文本框中输入分母，按 Enter 键或单击"确定"按钮结束分数输入。其等价输入格式为"%&分子%/分母%b"。例如："分子"文本框中输入 3，"分母"文本框中输入 10，单击"确定"按钮，在文字文本框的当前位置添加了字符串"%&3%/10%b"，假定在这个字符串前面的字符串是"15"，后面没有字符，整个字符串就是"15%&3%/10%b"，生成文字如右图所示：$15\frac{3}{10}$。

选择"粗糙度"，弹出如图 9-97 所示的对话框。

选择基本符号，输入下限值、上说明和下说明，单击"确定"按钮，回到"文字标注与编辑"对话框中；继续输入文字，单击"确定"按钮后，可见文字中输入了粗糙度符号。

选择"上下标"，弹出如图 9-98 所示的对话框。

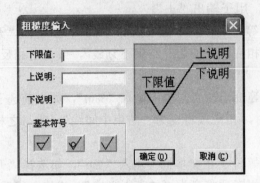

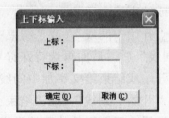

图 9-97 "粗糙度输入"对话框   图 9-98 "上下标输入"对话框

在"上标"文本框中输入上标，在"下标"文本框中输入下标，按 Enter 键或单击"确定"按钮结束上下标输入。

选择"插入"，弹出如图 9-99 所示的对话框。

单击 … 按钮，弹出如图 9-100 所示的对话框；找到文本数据库的路径，单击"打开"按钮，即完成相应的操作。

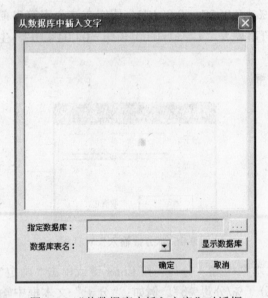

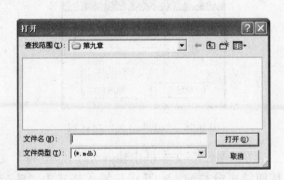

图 9-99 "从数据库中插入文字"对话框   图 9-100 "打开"对话框

选择"其他字符"，将弹出字符映射表，可以选择要插入的字符；对于其他项，系统直接将对应的文本插入。也可以不用下拉列表框而按规定的格式自行输入来实现上述特殊格式和符号。

提示 插入特殊字符时中文字库都可以，英文字库只能插入 127（十六进制 80）以前的字符。

完成设置后，单击"确定"按钮，系统开始生成相应的文字并插入到指定的位置；单击"取消"按钮则取消操作。

提示 如果框填充方式是自动换行，同时相对于指定区域的大小来说文字比较多，那么实际生成的文字可能超出指定的区域。例如对齐方式为左上对齐时，文字可能超出指定区域的下边界。另外，当旋转角不为零时，由于文字发生了旋转，所以也不在指定的区域。如果框填充方式是压缩文字，则在必要时系统会自动修改文字的高度、中西文宽度系数和字符间距系数，以保证文字完全在指定的区域内。

◆ 引入外部文本

在电子图板中生成来自外部的文本除了可以利用"文字标注与编辑"对话框中的读入功能外，还可以采用选择性粘贴的办法。在 Word、记事本等其他字处理软件中复制要引入的文本，然后在电子图板中选择"编辑"→"选择性粘贴"命令，弹出如图 9-101 所示的对话框，在弹出的对话框中选择合适的粘贴格式，单击"确定"按钮即可完成操作。粘贴格式有如下三种。

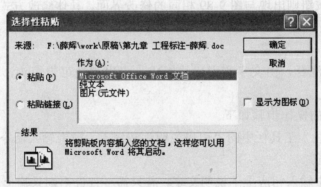

图 9-101 "选择性粘贴"对话框

Microsoft Office Word 文档：以 Word 文档格式插入，双击插入后的文本框，可以激活 Word 编辑菜单，进行字体字号相关的编辑，如图 9-102 所示，其中椭圆框内为粘贴的文本，外围的方框为 Word 工具区域。若需要退出编辑状态，在空白区域单击即可。

纯文本：粘贴的文字无字体格式。需要指定文本的位置、缩放比例和旋转角，还应事先在电子图板中设置要采用的字型参数，因为系统将用当前字型参数生成文本。

图片（元文件）：以图片的格式粘贴文字。

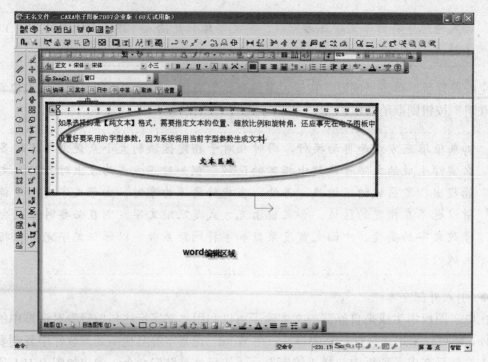

图 9-102 Word 编辑文本

◆ 更改风格

单击"风格"按钮则出现与图 9-89 相同的修改界面，具体修改方式参考 9.7.1 节内容。

9.7.3 引出说明

用于标注引出注释，由文字和引出线组成。引出点处可带箭头，文字可输入中文和西文。

进行引出说明的操作步骤如下。

（1）单击"标注"工具栏中的"引出说明"按钮⌐，或者输入命令 Ldtext，弹出如图 9-103 所示的对话框。

（2）在对话框中输入相应上下说明文字，若只需一行说明则只输上说明。单击"确定"按钮，进入下一步操作；单击"取消"按钮，结束此命令。单击"确定"按钮后弹出如图 9-104 所示的立即菜单。

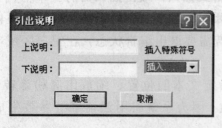

图 9-103 "引出说明"对话框

图 9-104 "文字标注"立即菜单

（3）按提示输入第一点后，系统接着提示"第二点："；输入第二点后，即完成引出说明标注。

图 9-105 所示为引出说明的图例。

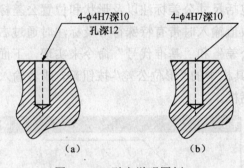

图 9-105 引出说明图例

（a）文字方向缺省，带箭头；（b）文字反向，不带箭头

9.8 工程符号类标注

工程符号类标注是机械工程图纸中必不可少的一项标注内容，它反映了加工实体的一些技术性要求，包括形位公差、表面粗糙度、焊接符号等内容，下面分别介绍。

9.8.1 基准符号

用于标注形位公差中的基准部位的代号。基准代号的名称可以是两个字符或一个汉字。

进行基准符号标注的操作步骤如下。

（1）单击"标注"工具栏中的"基准代号"按钮 ，出现如图 9-106 所示的立即菜单。

（2）按组合键 Alt＋1 或用单击"基准名称"后可以输入所需的基准代号名称。

（3）若拾取的是定位点，系统提示"输入角度或由屏幕上确定：<-360,360>"，用拖动方式或输入旋转角后，即可完成基准代号的标注。

（4）若拾取的是直线或圆弧，系统提示"拖动确定标注位置："，选定后即标注出与直线或圆弧相垂直的基准代号。

图 9-107 所示为引出说明的图例。

1：基准标注 ▼ 2：给定基准 ▼ 3：默认方式 ▼ 4：基准名称：A

拾取定位点或直线或圆弧：

图 9-106 "基准标注"立即菜单

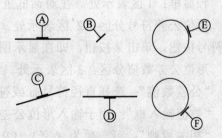

图 9-107 基准代号的标注图例

9.8.2 形位公差

标注中的公差标注包括尺寸公差标注以及形状和位置公差标注。CAXA 绘图系统中尺寸公差标注是通过尺寸数值输入时带有特殊符号及标注时通过右键操作来实现的。形位公差的标注则通过"形位公差"和"基准代号"命令来实现，下面分别介绍。

（1）单击"标注"工具栏中的"形位公差"按钮🔲，或者输入命令 Fcs，弹出如图 9-108 所示的"形位公差"对话框。

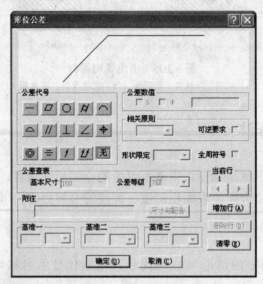

图 9-108 "形位公差"对话框

（2）在对话框中选择应标注的形位公差，单击"确定"按钮，弹出如图 9-109 所示的立即菜单。

（3）用组合键 Alt＋1 选择"水平标注"或者"垂直标注"拾取标注元素后，系统提示"引线转折点："；输入引线转折点后，即完成形位公差的标注。

1: 水平标注 ▾
拾取定位点或直线或圆弧：

图 9-109 "形位公差标注"立即菜单

下面介绍"形位公差"对话框各部分内容及其操作。利用对话框，用户可以直观、方便地填写各项内容，而且可以填写多行，允许删除行的操作。

对话框共分如图 9-110 所示的几个区域。

预显框：1 区表示处。在对话框上部，显示填写与布置结果。

形位公差符号分区：2 区表示处。它排列出形位公差"直线度"、"平面度"、"圆度"等符号按钮，单击某按钮，即在显示图形区填写。

形位公差数值分区：3 区表示处。它包括如下几项。

"公差数值"：选择直径符号 φ 或符号 S 的输出。

"数值输入框"：用于输入形位公差数值。

"相关原则"：可选项为（空），（P）：延伸公差带、（M）：最大实体要求、（E）：包容要求、（L）：最小实体要求、（F）：非刚性零件的自由状态条件。

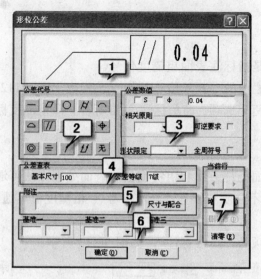

图 9-110　各区域显示图例

"形状限定"：可选项为（空），（－）：只许中间向材料内凹下、（＋）：只许中间向材料外凸起、（＞）：只许从左至右减小、（＜）：只许从右至左减小。

"公差查表"：4 区表示处。在选择公差代号、输入基本尺寸和选择公差等级以后自动给出公差值。

"附注"：5 区表示处。单击"尺寸与配合"按钮，弹出"公差输入"对话框，可以在形位公差处增加公差的附注。

"基准代号分区"：6 区表示处。分三组可分别输入基准代号和选取相应符号（如"P"、"M"或"E"等）。

"行管理区"：7 区表示处。"当前形位公差"所指的部分，它包括三项。

"指示当前行的行号"：如只标注一行形位公差，则指示为 1；如同时标注多行形位公差，则用此项可以指示当前行号。

"增加行"：在已标注一行形位公差的基础上，利用"增加行"来标注新行，新行的标注方法与第一行的标注相同。

"删除行"：单击此按钮，则删除当前行，系统自动重新调整整个形位公差的标注。

形位公差示意如图 9-111 所示。

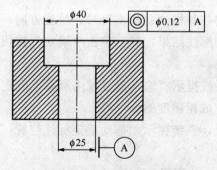

图 9-111　形位公差标注图例

9.8.3 表面粗糙度

表面粗糙度的标注是指标注表面粗糙度代号。

单击"标注"工具栏中的"粗糙度"按钮 ∀，弹出如图 9-112 所示的立即菜单。

立即菜单第一项有两个选项：简单标注/标准标注，即粗糙度标注可分为简单标注和标准标注两种方式。

➢ 简单标注

简单标注只标注表面处理方法和粗糙度值。表面处理方法可通过立即菜单第二项选择（可选择"去除材料"、"不去除材料"、"基本符号"。粗糙度值可通过立即菜单第三项输入。

➢ 标准标注

切换立即菜单第一项为"标准标注"，如图 9-113 所示。

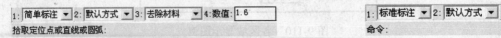

图 9-112 "表面粗糙度"立即菜单　　　　　图 9-113 "标准标注"立即菜单

同时弹出如图 9-114 所示的对话框。

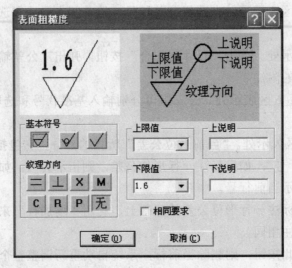

图 9-114 "表面粗糙度"对话框

对话框中包括粗糙度的各种标注：基本符号、纹理方向、上限值、下限值以及说明标注等，可以在预显框中看到标注结果，然后单击"确定"按钮确认。系统提示"拾取定位点或直线或圆弧："。

若拾取的是定位点，系统提示"输入角度或由屏幕上确定：<-360，360>"，用拖动方式或输入旋转角后，即可完成粗糙度的标注。

若拾取的是直线或圆弧，系统提示"拖动确定标注位置："，选定后即标注出与直线或圆弧相垂直的粗糙度。

粗糙度标注示例如图 9-115 所示。

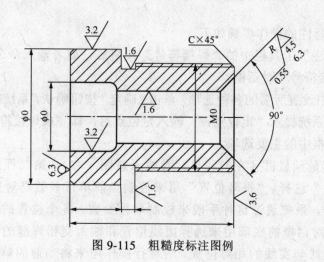

图 9-115　粗糙度标注图例

9.8.4　剖切符号

剖切符号用于标注剖面的剖切位置。

进行剖切符号标注的操作步骤如下。

（1）单击"标注"工具栏中的"剖切符号"按钮 $\mathbb{CA}$，弹出如图 9-116 所示的立即菜单。

（2）用组合键 Alt＋1 或者单击激活"1：剖面名称"右侧的文本框以改变剖面名称。

（3）以两点线的方式画出剖切轨迹线，当绘制完成后，右击结束画线状态，此时在剖切轨迹线的终止点显示沿最后一段剖切轨迹线法线方向的两个箭头标识，系统提示"请拾取所需的方向："；可以在两个箭头的一侧单击以确定箭头的方向或者右击取消箭头，然后系统提示"指定剖面名称标注点："。

（4）拖动一个表示文字大小的矩形到所需位置单击确认。此步骤可以重复操作，直至右击结束。

图 9-117 所示为剖切符号的图例。

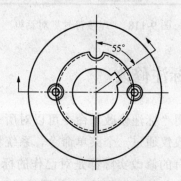

图 9-116　"剖切符号标注"立即菜单　　　　图 9-117　剖切符号图例

9.8.5　焊接符号

在某些机械工程图上，焊接标注会用得比较多，如汽车工业、造船业等，为了满足不同行业的需要，CAXA 电子图板增加了焊接标注功能。

进行焊接符号标注的操作步骤如下。

（1）单击"标注"工具栏中的"焊接符号"按钮，或者输入命令 Weld，弹出如图 9-118 所示的"焊接符号"对话框。

（2）在对话框中设置所需的各种选项，单击"确定"按钮确认，系统提示"引线起点："；输入引线起点后，系统提示"定位点："，输入定位点后，即完成焊接符号的标注。

下面介绍对话框中的主要选项。

对话框的上部是预显框（左）和单行参数示意图（右）。第二行是一系列符号选择按钮和"符号位置"选择。"符号位置"用来控制当前单行参数是对应基准线以上的部分还是以下的部分，系统通过这种手段来控制单行参数。各个位置的尺寸值和"焊接说明"位于第三行。对话框的底部用来选择虚线位置和输入交错焊缝的间距，其中虚线位置用来表示基准虚线与实线的相对位置。清除行操作用来将当前的单行参数清零。这里几乎考虑了所有的标注需要，以满足各种不同场合。图 9-119 所示为焊接符号图例。

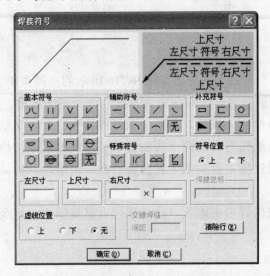

图 9-118 "焊接符号"对话框

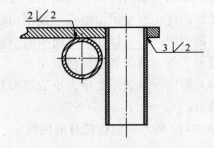

图 9-119 焊接符号图例

9.9 标注修改

利用"标注修改"命令可以对所有的标注（尺寸、符号和文字）进行修改，对这些标注的修改仅通过一个菜单命令，系统将自动识别标注实体的类型而作相应的修改操作。

所有的修改实际都是对已作的标注作相应的"位置编辑"和"内容编辑"，这二者是通过立即菜单来切换的。"位置编辑"指对尺寸或工程符号等的位置的移动或角度的旋转，而"内容编辑"则是指对尺寸值、文字内容或符号内容的修改。

单击"修改"工具栏中的"标注修改"按钮，或输入命令 Dimedit，拾取要修改的标注对象，系统将自动识别标注对象的类型。

通过切换立即菜单分别进行"位置编辑"和"内容编辑"。根据上文的标注分类，仍可将标注修改分为相应的三类，即"尺寸编辑"、"文字编辑"、"工程符号编辑"。下面分类说明。

9.9.1 尺寸风格编辑

单击"修改"工具栏中的"标注修改"按钮，或输入命令 Dimedit，系统提示"拾取要编辑的尺寸、文字或标注："。

如拾取到一个尺寸，则根据拾取尺寸的类型不同，出现不同的立即菜单。

（1）线性尺寸的编辑。拾取一个线性尺寸，出现如图 9-120 所示的立即菜单。

1:尺寸线位置 ▼	2:文字平行 ▼	3:文字居中 ▼	4:界线角度 270	5:尺寸值 23.3
新位置：

图 9-120 "线性尺寸标注"立即菜单

立即菜单第一项有四项选择："尺寸线位置"、"文字位置"、"文字内容"、"箭头形状"，默认为"尺寸线位置"。

若切换"1："为"尺寸线位置"，立即菜单如图 9-120 所示。各选项含义如下。

"2："：有"文字平行"和"文字水平"两个选项，修改标注文字的方向。

"3："：有"文字居中"和"文字拖动"两个选项，前者保证文字在尺寸线的中间，后者可以拖动文字在尺寸线的任意位置。

"4：界线角度"：指尺寸界线与水平线的夹角。

"5：尺寸值"：修改当前尺寸值，显示的为系统默认的计算值。

若切换"1："为"文字位置"，则出现如图 9-121 所示的立即菜单。

文字位置的编辑只修改文字的定位点、文字角度和尺寸值，尺寸线及尺寸界线不变。在如图 9-121 所示的立即菜单中可以选择是否加引线，修改文字的角度及尺寸值。输入文字新位置点后即完成编辑操作。

若切换"1："为"文字内容"，则出现如图 9-122 所示的立即菜单。

1:文字位置 ▼	2:不加引线 ▼	3:尺寸值 23.3
新位置：

图 9-121 "文字位置"立即菜单

1:文字内容 ▼	2:尺寸值 23.3
按鼠标左键确认：

图 9-122 "文字内容"立即菜单

单击激活"2：尺寸值"文本框，输入相应的尺寸值，也可以加上文字前缀或者后缀字符串。

图 9-123 所示为编辑线性尺寸文字位置的图例。

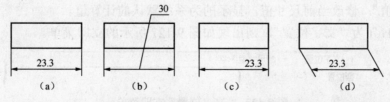

图 9-123 编辑线性尺寸文字位置图例

（a）原尺寸；（b）加引线；（c）修改尺寸位置；（d）修改界线角度

若切换"1:"为"箭头形状",则弹出如图 9-124 所示的对话框。

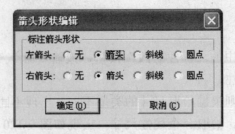

图 9-124 "箭头形状编辑"对话框

在对话框中修改左右箭头的形状。图 9-125 所示为编辑箭头形状图例。

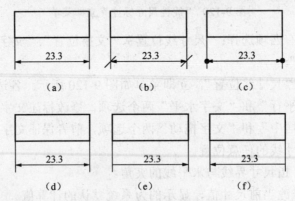

图 9-125 编辑箭头形状图例

(a)原尺寸;(b)斜线形式;(c)圆点形式;(d)左右均无箭头;(e)左无箭头;(f)右无箭头

(2)编辑直径尺寸或半径尺寸。拾取一个直径尺寸或半径尺寸,出现如图 9-126 所示的立即菜单。

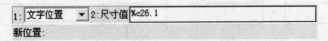

图 9-126 "直径标注"立即菜单

立即菜单第一项有两项选择:"尺寸线位置"、"文字位置"。默认为"尺寸线位置"。

若"1:"选择"尺寸线位置",立即菜单如图 9-126 所示,各选项含义如下。

"2:":有"文字平行"和"文字水平"两个选项,修改标注文字的方向。

"3:":有"文字居中"和"文字拖动"两个选项,前者保证文字在尺寸线的中间,后者可以拖动文字在尺寸线的任意位置。

"4:尺寸值":修改当前尺寸值,显示的为系统默认的计算值。

若切换"1:"为"文字位置",则出现如图 9-127 所示的立即菜单。

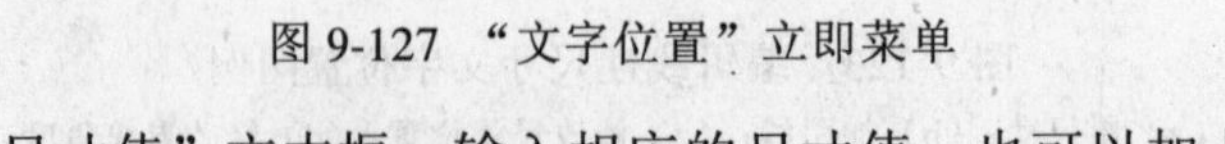

1:文字位置 ▼ 2:尺寸值 %c26.1

新位置:

图 9-127 "文字位置"立即菜单

单击激活"2:尺寸值"文本框,输入相应的尺寸值,也可以加上文字前缀或者后缀字符串。

编辑直径尺寸的文字位置图例如图 9-128 所示。

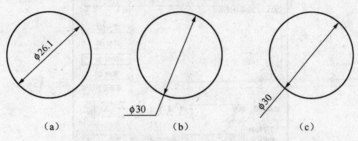

图 9-128 编辑直径尺寸的文字位置图例
(a) 原尺寸；(b) 文字水平；(c) 文字平行

（3）编辑角度尺寸。拾取一个角度尺寸，出现如图 9-129 所示的立即菜单。

立即菜单第一项有两项选择："尺寸线位置"、"文字位置"，默认为"尺寸线位置"。

（4）角度尺寸的尺寸线位置编辑。在如图 9-129 所示的立即菜单中可以修改尺寸值，输入新的尺寸线位置点后，即完成编辑操作。

图 9-130 所示为编辑角度尺寸线位置的图例。

图 9-129 "角度标注"立即菜单

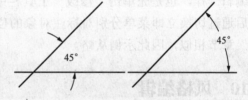

图 9-130 编辑角度尺寸线位置的图例

（5）角度尺寸的文字位置编辑。切换立即菜单第一项为"文字位置"，相应的立即菜单如图 9-131 所示。

在如图 9-130 所示的立即菜单中可以选择是否加引线，修改文字的尺寸值。图 9-132 所示为编辑角度尺寸文字位置的图例。

图 9-131 "角度标注"立即菜单

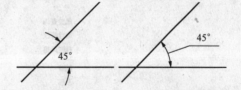

图 9-132 编辑角度尺寸文字位置的图例

9.9.2 文本风格编辑

单击"修改"工具栏中的"标注修改"按钮，或输入命令 Dimedit，系统提示"拾取要编辑的尺寸、文字或标注："；根据提示选择要编辑的文字，弹出"文字标注与编辑"对话框，如图 9-133 所示，从中可以对文字的内容与字型参数进行修改，最后单击"确定"

按钮结束编辑，系统重新生成对应的文字。

图 9-133 "文字标注与编辑"对话框

9.9.3 工程符号编辑

对于符号类标注，如基准代号、形位公差、粗糙度、焊接符号等，如同尺寸编辑和文字编辑一样，也是先单击"修改"工具栏中的"标注修改"按钮，或输入命令 Dimedit，然后通过切换立即菜单分别对标注对象的位置和内容进行编辑，这部分与"工程符号类标注"章节相似，因此示例从略。

9.10 风格编辑

风格编辑分为"标注风格"和"文本风格"，主要通过右键菜单完成该命令的操作，软件会根据拾取标注元素的不同进行变化。如图 9-134 所示：

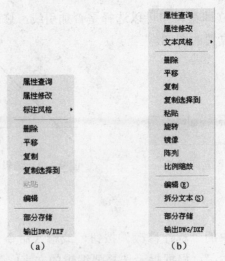

图 9-134 "风格"下拉菜单
(a)"尺寸"下拉菜单；(b)"文字"下拉菜单

在风格中有"另存为新风格"和"选择其他风格"两个命令（图 9-135），不同的命令有不同的意义。

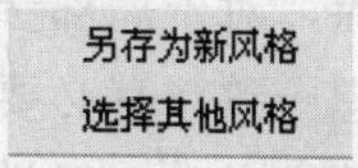

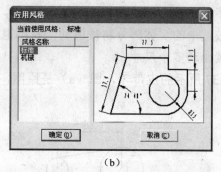

另存为新风格：将现有的标注风格或文本风格保存为新的风格。选择"另存为新风格"命令，弹出"另存为新风格"对话框，可以在"风格名"下拉列表框中输入新风格的名称，单击"确定"按钮进行风格的保存，如图 9-136（a）所示。

图 9-135　快捷菜单

选择其他风格：选择已经建立的标注风格或文本风格，使风格进行变更。选择"选择其他风格"命令，在弹出的"应用风格"对话框中可以进行风格的选择，如图 9-136（b）所示。

（a）　　　　　　　　　　　　　　（b）

图 9-136　风格编辑
（a）"另存为新风格"对话框；（b）"应用风格"对话框

9.11　尺寸驱动

"尺寸驱动"是系统提供的一套局部参数化功能。用户在选择一部分实体及相关尺寸后，系统将根据尺寸建立实体间的拓扑关系，当用户选择想要改动的尺寸并改变其数值时，相关实体及尺寸也将发生变化，但元素间的拓扑关系保持不变，如相切、相连等。另外，系统还可自动处理过约束及欠约束的图形。此功能在很大程度上使用户可以在画完图以后再对尺寸进行规整、修改，从而提高作图速度，对已有的图纸进行修改也变得更加简单、容易。

进行尺寸驱动的操作步骤如下。

（1）选择"修改"→"尺寸驱动"命令或者单击"编辑"工具栏中的"尺寸驱动"按钮，或者输入命令 Drive。

（2）根据系统提示选择驱动对象（用户想要修改的部分），系统将只分析选中部分的实体及尺寸。在这里，除选择图形实体外，选择尺寸是必要的，因为工程图纸是依靠尺寸标注来避免二义性的，系统正是依靠尺寸来分析元素间的关系的。

例如，存在一条斜线，标注了水平尺寸，则当其他尺寸被驱动时，该直线的斜率及垂直距离可能会发生相关的改变，但是，该直线的水平距离将保持为标注值。同样的道理，如果驱动该水平尺寸，则该直线的水平长度将发生改变，改变为与驱动后的尺寸值一致。

因而，对于局部参数化功能，选择参数化对象是至关重要的。为了使驱动的结果与自己的设想一致，有必要在选择驱动对象之前作必要的尺寸标注，对该动的和不该动的关系作必要的定义。一般说来，某实体如果没有必要的尺寸标注，系统将会根据"连接"、"正交"、"相切"等一般的默认准则判断实体之间的约束关系。

然后应指定一个合适的基准点。由于任一尺寸表示的均是两个（或两个以上）图形对象之间的相关约束关系，如果驱动该尺寸，必然存在着一端固定、另一端移动的问题，系统将根据被驱动尺寸与基准点的位置关系来判断哪一端该固定，从而驱动另一端。具体指定哪一点为基准，多用几次后用户将会有清晰的体验。一般情况下，应选择一些特殊位置的点，例如圆心、端点、中心点、交点等。

在前两步的基础上，最后是驱动某一尺寸。选择被驱动的尺寸，然后按提示输入新的尺寸值，则被选中的实体部分将被驱动，在不退出该状态（该部分驱动对象）的情况下，用户可以连续驱动多个尺寸。

如图 9-137 所示的皮带轮，图（a）是原图，图（b）是驱动中心距，图（c）是驱动大圆的半径。

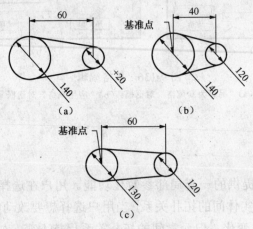

图 9-137　尺寸驱动图例

（a）原图；（b）驱动中新距；（c）驱动半径

9.12　本章小结

本章主要介绍了尺寸类标注、文字类标注、工程符号标注等一些基本的操作方法和相关的设置技巧，这些标注都是构成完整工程图的基本要素，要求用户必须熟练掌握并能灵活运用。

9.13　思考与练习

1. 如何自定义文本风格？
2. 如何设置标注风格？

3. 尺寸公差有几种输出格式？

4. 绘制如图 9-138 所示的图形并进行尺寸标注。

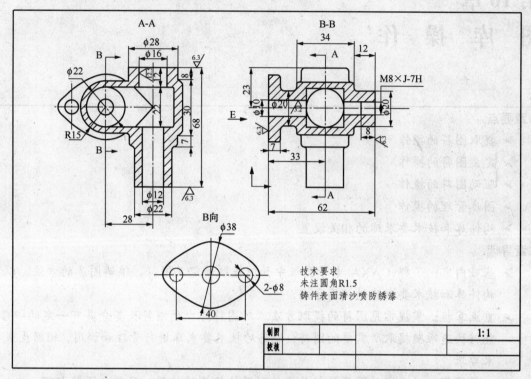

图 9-138 习题 4 练习题

第10章
图 库 操 作

本章要点
- ➤ 提取图符的操作
- ➤ 定义图符的操作
- ➤ 驱动图符的操作
- ➤ 图库管理的操作
- ➤ 构件库和技术要求库的相关设置

本章导读
- ➤ 基础内容：了解 CAXA 电子图板中如何提取和定义图符、编辑图库的方法，以及构件库和技术要求库的调用方法。
- ➤ 重点掌握：掌握常见图符的提取方法，对图符库中的图符及其分类有一定的印象，能够快速准确提取所需要的图符；能够对技术要求库进行管理和调用，辅助生成技术要求。
- ➤ 一般了解：对于定义图符的相关操作以及构件库的使用，只需要了解即可。

CAXA 电子图板 2007（企业版）为用户提供了多种标准件的参数化图库，用户可以按规格尺寸选用各标准件，也可以输入非标准的尺寸，使标准件和非标准件有机地结合在一起。

系统还提供了包括电气元件、液压气动符号在内的固定图形库，可以满足用户多方面的绘图要求；为用户提供建立用户自定义的参量图符或固定图符的工具，使用户可以方便快捷地建立自己的图形库；为用户提供对图库的编辑和管理功能。此外，对于已经插入图中的参量图符，还可以通过"驱动图符"功能修改其尺寸规格。

图库的基本组成单位称为图符，图符按是否参数化分为参数化图符和固定图符；图符可以由一个视图或多个视图（不超过六个视图）组成。图符的每个视图在提取出来时可以定义为块，因此在调用时可以进行块消隐。利用图库及块操作，为用户绘制零件图、装配图等工程图提供了极大的方便。

在"绘图"→"库操作"子菜单中，有"提取图符"、"定义图符"、"图库管理"等七个命令，下面分别介绍。

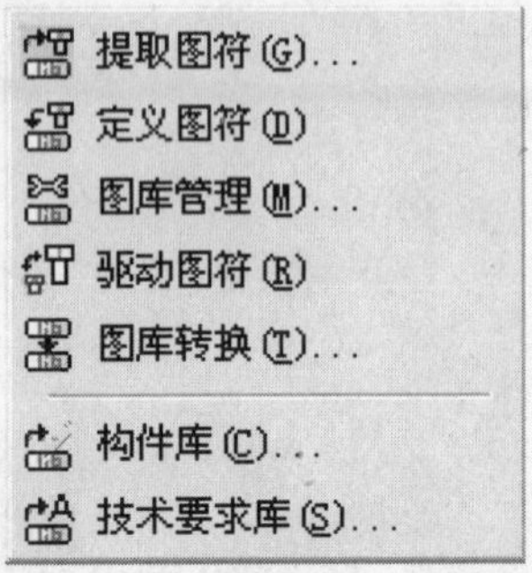

图 10-1　图库操作下拉菜单

10.1 提取图符

10.1.1 提取参数化图符

"提取参数化图符"是将已存在的参数化图符从图库中提取出来,并设置一组参数值,经预处理后用于当前绘图。

单击"绘图"工具栏中的"提取图符"按钮 ,或者输入命令 Sym,弹出"提取图符"对话框,如图 10-2 所示。

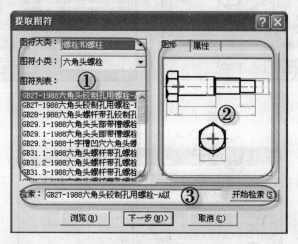

图 10-2 "提取图符"对话框

对话框分三个部分,下面分别介绍。

①区:对话框左半部,为图符选择部分,系统将图符分为若干大类,其中每一大类中又包含若干小类,用户还可以创建自己的类。

在"图符列表"列表框中,列出了当前小类中的所有图符名称。从"图符大类"下拉列表框中选择需要的大类,"图符小类"下拉列表框中的内容自动更新为该大类对应的小类列表。

从"图符小类"下拉列表框中选择需要的小类,此时"图符列表"列表框中列出了当前小类中包含的所有图符。单击任一图符名或用方向键将高亮色棒移到任一图符名上,则该图符成为当前图符。

②区:在对话框的右侧,为一预览框,包括"属性"和"图形"两个选项卡,可对用户选择的当前图符属性和图形进行预览,系统默认为图形预览。在图形预览时各视图基点用高亮度十字标出。右击可放大图符。如需要图符恢复原来大小,同时按下鼠标左右键即可。放大前后效果图如图 10-3 所示。

③区:对话框下部,为"检索"文本框,可通过图符名称来检索图符。检索时不必输入图符完整的名称,只需输入图符名称的一部分,系统就会自动检索符合条件的图符。例如"GB27-1988 六角头铰制孔用螺栓-A 级"只需输入"GB27-1988"或"六

角头铰制孔用螺栓"就可以检索到。此外图库检索增加了模糊搜索功能，在"检索"文本框中输入检索对象的名称或型号，图符列表中将列出有关输入内容的所有图符，如图 10-4 所示。

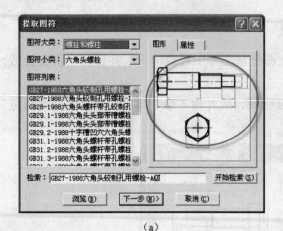 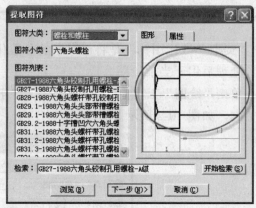

（a）　　　　　　　　　　　　　　（b）

图 10-3　图符放大效果图

（a）放大前；（b）放大后

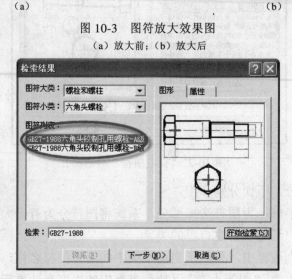

图 10-4　"检索结果"对话框

注意　检索时，必须保证图符大类选择正确。譬如，"图符大类"选择"螺栓和螺柱"，在"检索"文本框中输入"螺母"，则系统提示"找不到符合条件的图符"；若输入的检索词与图库中没有匹配，也会出现相同的系统提示。系统提示的对话框如图 10-5 所示。

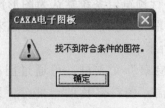

图 10-5　提示框

选定图符后，单击"浏览"按钮就可进入"图符浏览"对话框，如图 10-6 所示。

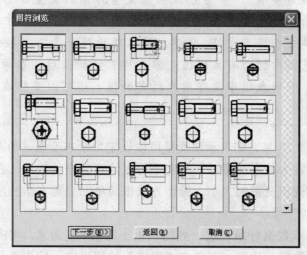

图 10-6 "图符浏览"对话框

选定图符后，单击"下一步"按钮就可进入"图符预处理"对话框，如图 10-7 所示。

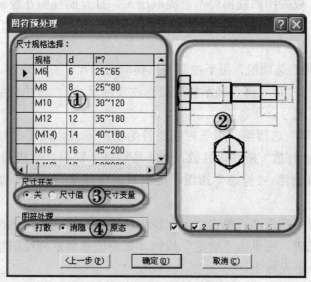

图 10-7 "图符预处理"对话框

图框分为四个部分，下面分别介绍。

①区：对话框左半部，是图符处理区。第一项是尺寸规格选取，它以电子表格的形式出现。表格的表头为尺寸变量名，在右侧预览区内可直观地看到每个尺寸变量名的具体位置和含义。如果图形显示太小，右击预显区内任一点，则图形将以该点为中心放大显示，可以反复放大；在预显区内同时按下鼠标的左右键则图形恢复最初的显示大小。利用鼠标和键盘可以对表格中的任意单元格中的内容进行编辑，用 F2 键也可直接进入当前单元格的编辑状态。

注意 尺寸变量名后若带有"*"号，说明该变量为系列变量，它所对应的列中，各单元格中只给出了一个范围，如"10～40"，用户必须从中选取一个具体值。操作方法是单击相应单元格，该单元格右端出现一个下拉按钮，单击该按钮后，将列出当前范围内的所有系列值，单击所需的数值后，在原单元格内显示出用户选定的值。若列表框中没有用户所需的值，还可以直接在单元格内输入新的数值。

若变量名后带有"?"号，则表示该变量可以设定为动态变量。动态变量是指尺寸值不限定，当某一变量设定为动态变量时，则它不再受给定数据的约束，在提取时输入新值或拖动鼠标，可任意改变该变量的大小。操作方法很简单，只需右击相应单元格即可，右击后，在数值后标有"?"号。

数据输入完毕，该数据行最左边一列的灰色小方格▶变为✐。单击，该行数据变为蓝色，表示已选中此行数据。注意，在单击"确定"按钮以前，应先选择一行数据，否则系统将按当前行的数据（如果有系列值，则取最小值）提取图符。

②区：对话框右半部，是图符预览区，下面排列有六个视图控制开关，单击可打开或关闭任意一个视图，被关闭的视图将不被提取出来。打开的视图在控制开关上用"√"标识，注意，这里虽然有六个视图控制开关，但不是每一个图符都具有六个视图，一般的图符用2～3个视图就足够了。

③区："尺寸开关"选项组，用于控制图形提取后的尺寸标注情况，其中"关"表示提取后不标注任何尺寸；"尺寸值"表示提取后标注实际尺寸；"尺寸变量"表示只标注尺寸变量名，不标注实际尺寸。

④区："图符处理"选项组，用于控制图符的输出形式，图符的每个视图在默认情况下作为一个块插入。"打散"指将块打散，也就是将每个视图打散成相互独立的元素；"消隐"指图符提取后可消隐；"原态"指图符提取后，保持原有状态不变，不被打散，也不消隐。

若对所选的图符不满意，可单击"上一步"按钮，返回到提取图符操作，更换提取其他图符；若已设定完成，可单击"确定"按钮，则系统重新返回绘图状态，此时可以看到图符已"挂"在了十字光标上。

根据系统提示，可用鼠标指定或从键盘输入图符定位点，定位点确定后，图符只转动不移动。根据系统提示，可通过键盘输入图符旋转角度；若用户接受系统默认的0度角（即不旋转），直接右击即可；还可以通过鼠标旋转图符到合适的位置后，单击确认。

如果设置了动态确定的尺寸且该尺寸包含在当前视图中，则在确定视图的旋转角度后，状态栏出现提示"请拖动确定 x 的值："，其中 x 为尺寸名，此时该尺寸的值随鼠标位置的变化而变化，拖动到合适的位置时单击就确定了该尺寸的最终大小，也可以输入该尺寸的数值。图符中可以含有多个动态尺寸。

此时，图符的一个视图提取完成；若图符具有多视图，则十字光标又自动挂上第二、第三……打开的视图；当一个图符的所有打开的视图提取完毕后，系统开始重复提取，十字光标又挂上了第一视图。若不需要再提取，可右击确认提取完成。至此，整个参量图符提取操作全部完成。

10.1.2 提取固定图符

上面介绍的是参数化图符的提取。在 CAXA 电子图板 2007（企业版）的图库中大部分图符属于参数化图符，但还有一部分图符属于固定图符，比如电气元件类、农机符号类和液压符号类等的图符均属于固定图符。

固定图符的提取比参数化图符的提取要简单得多，在这一小节中将介绍固定图符的提取：将已存在的固定图符从图库中提取出来，为图符选取合适的横向和纵向比例以用于当前绘图。

单击"绘图"工具栏中的"提取图符"按钮，或者输入命令 sym，弹出"提取图符"对话框，按上节所介绍的方法在对话框中选取所需要的图符。

单击"确定"按钮后，弹出"横向放缩倍数"和"纵向放缩倍数"立即菜单，如图 10-8 所示。

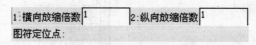

图 10-8 "提取图符"立即菜单

放大倍数的默认值均为 1。如果不想使用默认值，可单击相应的立即菜单，在弹出的文本框中输入合适的放缩倍数。输入缩放倍数后，按照系统提示选择定位点，输入旋转角后，一个图符的提取也就完成了，系统开始重复提取，十字光标又挂上了图符。若不需要再提取，可右击确认提取完成。

10.2 定义图符

定义图符是将一些常用的图形存入图库。

10.2.1 定义固定图符的操作

应首先在绘图区绘制所要定义的图形。

注意 图形应尽量按照实际的尺寸比例准确绘制。由于是固定图符，不必标注尺寸。

图形绘制完成后，选择"绘图"→"库操作"→"定义图符"命令，弹出如图 10-8 所示的立即菜单。

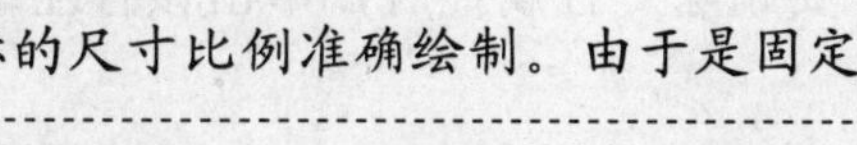

输入整数：
请输入图符的视图个数(1-6)：

图 10-9 "提取图符"立即菜单

　　根据系统提示，输入需定义图符的视图个数（系统默认的视图个数为 1），输完后按 Enter 键确认。输完视图个数以后，根据系统提示，拾取第一视图的所有元素，可用单个拾取，也可用窗口拾取，拾取完后右击确认。此时系统提示"指定该视图的基点"，可用鼠标左键指定，也可直接输入。基点是图符提取时的定位基准点，因此最好将基准点选在视图的关键点或特殊位置点，如中心点、圆心、端点等。第一视图的所有元素和基准点指定后，可按系统提示指定第二、第三……视图的元素和基准点，方法同上。

　　当最后一个视图的元素和基准点输入后，弹出"图符入库"对话框，如图 10-10 所示。这里由于是固定图符，因此"上一步"和"数据录入"两个按钮不能使用。

　　可在"图符大类"和"图符小类"下拉列表框中输入一个新的类名，也可以为新建图符选择一个所属类，然后在"图符名"文本框中输入新建图符的名称。

　　单击"属性定义"按钮，弹出"属性录入与编辑"对话框，如图 10-11 所示。

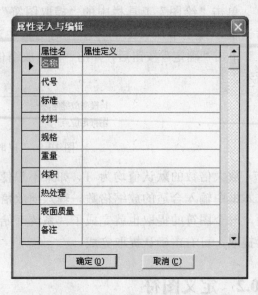

<table>
<tr><td>图 10-10 "图符入库"对话框</td><td>图 10-11 "属性录入与编辑"对话框</td></tr>
</table>

　　电子图板默认提供了 10 个属性。用户可以增加新的属性，也可以删除默认属性或其他已有的属性。当输入焦点在表格中时，如果按 F2 键则当前单元格进入编辑状态，插入符定位在单元格内文本的最后。要增加新属性时，直接在表格最后左端选择区有星号的行输入即可。将光标定位在任一行，按 Insert（或 Ins）键则在该行前面插入一个空行，以便在此位置增加新属性。要删除一行属性时，单击该行左端的选择区以选中该行，然后按 Delete 键。

　　所有项都填好以后，单击"确定"按钮，可把新建的图符加到图库中。此时，固定图符的定义操作全部完成，用户再次提取图符时，可以看到新建的图符已出现在相应的类中。电气元件、字形图符均可以被定义成固定图符。例如把"技术要求"定义成固定图符，并把它放入"常用图形"中的"其它图形"类中，为它起名为"技术"。这样，在提取图符时可以看到，刚定义的图符已出现在图库中，如图 10-12 所示。

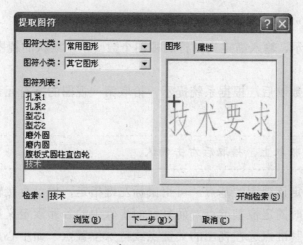

图 10-12 "提取图符"对话框

10.2.2 定义参量化图符的操作

将图符定义成参数化图符，在提取时可以对图符的尺寸加以控制，因此它比固定图符使用起来更灵活，应用面也更广，但是定义参数化图符比定义固定图符的操作要复杂一些。

下面是绘图和定义中需要注意的问题和技巧。

（1）图符中的剖面线、块、文字和填充等是用定位点定义的。由于程序对剖面线的处理是通过一个定位点去搜索该点所在的封闭环，而电子图板的剖面线命令能通过多个定位点一次画出几个剖面区域。所以在绘制图符的过程中画剖面线时，必须对每个封闭的剖面区域都单独用一次剖面线命令。

（2）绘制图形时标注的尺寸在不影响定义和提取的前提下应尽量少标，以减少数据输入的负担。例如值固定的尺寸可以不标，两个相互之间有确定关系的尺寸可以只标一个。如螺纹小径在制图中通常画成大径的 0.85 倍，所以可以只标大径 d，而把小径定义成 0.85*d。又如图符中不太重要的倒角和圆角半径，如果其在全部标准数据组中变化范围不大，可以绘制成同样的大小并定义成固定值；反之可以归纳出其与某个已标注尺寸的大致比例关系，将其定义成类似 0.2*L 的形式，因此也可以不标。

（3）标注尺寸时，尺寸线尽量从图形元素的特征点处引出，必要时可以专门画一个点作为标注的引出点或将相应的图形元素在需要标注处打断。这样做是为了便于系统进行尺寸的定位吸附。

（4）图符绘制应尽量精确，精确作图能在元素定义时得到较强的关联，也避免尺寸线吸附错误。绘制图符时最好从标准给出的数据中取一组作为绘图尺寸，这样图形的比例比较匀称，自动吸附时也不会出错。

例如定义一个垫圈，图形绘制完成后的效果如图 10-13 所示，其操作步骤如下。

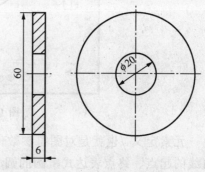

图 10-13 图形的绘制

（1）选择"绘图"→"库操作"→"定义图符"命令。

（2）根据系统提示，输入需定义图符的视图个数（系统默认的视图个数为1），输完后按 Enter 键确认。

（3）输完视图个数以后，根据系统提示，拾取第一视图的所有元素，可用单个拾取，也可用窗口拾取。

注意 应将有关尺寸拾取上，拾取后右击确认。

（4）系统提示指定该视图的基点，可用鼠标左键指定，也可直接输入。

基点是图符提取时的定位基准点，而且后面步骤中的各元素定义都是以基点为基准来计算的，因此最好将基准点选在视图的关键点或特殊位置点，如中心点、圆心、端点等。在指定基点时可以充分利用工具点、智能点、导航点、栅格点等工具来帮助精确定点。基点的选择很重要，如果选择不当，不仅会增加元素定义表达式的复杂程度，而且使提取时图符的插入定位很不方便。

（5）系统提示为该视图中的每个尺寸设定一个变量名，可用鼠标左键依次拾取每个尺寸。当一个尺寸被选中时，该尺寸变为高亮显示，在弹出的文本框中输入给该尺寸起的名字，尺寸名应与标准中采用的尺寸名或被普遍接受的习惯相一致。输入变量名并按 Enter 键确认后，该尺寸又恢复原来颜色。可继续选择其他尺寸，也可以再次选中已经指定过变量名的尺寸为其指定新名字。该视图的所有尺寸变量名输入后，右击确认。

然后，可按系统提示指定第二、第三……视图的元素、基准点和尺寸变量名，方法同步骤（4）、（5）、（6）一样。

当全部视图都处理完后，弹出"元素定义"对话框，如图 10-14 所示。

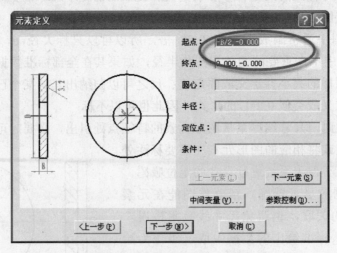

图 10-14 "元素定义"对话框

元素定义，也就是对图符参数化，用尺寸变量逐个表示出每个图形元素的表达式，如：直线的起点、终点表达式，圆的圆心、半径的表达式等。元素定义是把每个元素的各个定义点写成相对基点的坐标值表达式，表达式正确与否将决定图符提取得准确与否。可以通过"上一元素"和"下一元素"两个按钮来查询和修改每个元素的定义表达式，也可以直接用鼠标左键在预览区中拾取。

如果预览区中的图形比较复杂，则可右击图符预览区，预览区中的图形将按比例放大，以方便用户观察和选取。当鼠标左右键同时按下时，预览区中的图形将恢复最初的大小。

若对图形不满意，可单击"上一步"按钮返回上一步操作。

CAXA 电子图板会自动生成一些简单的元素定义表达式，随着元素定义的进行，电子图板会根据已定义的元素表达式不断地修改、完善未定义的元素表达式。

定义中心线时，起点和终点的定义表达式不一定要和绘图时的实际坐标相吻合。按超出轮廓线 2～5 个绘图单位定义即可。如图 10-15 所示，图中是对主视图的中心线的起、终点定义，视图的基准点为预览框中的红十字。

定义剖面线和填充的定位点时，选取一个在尺寸取各种不同的值时都能保证总在封闭边界内的点，提取时才能保证在各种尺寸规格时都能生成正确的剖面线和填充。如图 10-15 所示，图中定义为主视图上半部剖面线的定位点，这样取值可保证定位点总在封闭边界内。

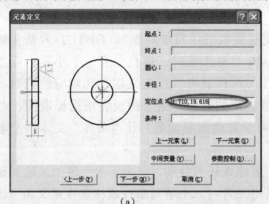
(a)

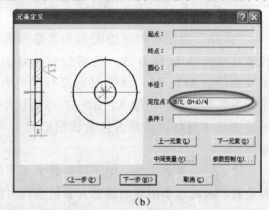
(b)

图 10-15 "元素定义"对话框
(a) 系统默认；(b) 用户自定义公式

在此对话框中还存在一个"中间变量"按钮，单击后将弹出"中间变量定义"对话框，如图 10-16 所示。

它主要是用来把一个使用频度较高或比较长的表达式用一个变量来表示，以简化表达式，方便建库，提高提取图符时的计算效率。中间变量是尺寸变量和前面已经定义的中间变量的函数，即先定义的中间变量可以出现在后定义的中间变量的表达式中。中间变量一旦定义后，就可以和其他尺寸变量一样用在图形元素的定义表达式中。

在"中间变量定义"对话框中，左半部分输

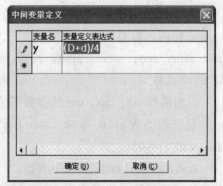

图 10-16 "中间变量定义"对话框

入中间变量名，右半部分输入表达式，确认后，建库过程中可直接使用这一变量。例如可将垫圈上半部剖面线定位点的 Y 坐标设为"y"，则下半部剖面线定位点的 Y 坐标可写为"－y"。

中间变量还有一个用途是定义独立的中间变量。例如有些机械零件（如垫圈）在与其他零件装配时，是按公称值（如公称直径）选择的，这些公称值并不是标注在零件图上的尺寸；又如许多法兰上都有螺栓孔，螺栓孔的个数随法兰的直径不同而不同，如果把螺栓孔的个数信息也记录到图库中，将有利于用户在提取法兰时了解需要配合使用的螺栓数量，而螺栓孔个数显然也不是图中的尺寸。在这些情况下，可以把它们定义成独立的中间变量。

定义独立中间变量的方法很简单，比如在定义垫圈的公称直径 D0 时，只需在"中间变量定义"对话框中的"变量名"单元格中输入"D0"，在相应的"变量定义表达式"单元格中什么都不输入即可。在进入下一步变量属性定义时将会看到 D0 已经出现在变量列表中，在标准数据录入时需要输入相应的数据。

还可以单击"参数控制"按钮，对图符定义的精度进行控制，关于这部分内容将在下一节中详细介绍。

"条件"决定着相应的图形元素是否出现在提取的图符中。例如 GB31.1 六角头螺杆带孔螺栓 A 级和 B 级，当螺纹直径 d 为 M6 及更大值时，螺杆上有一个小孔，而当螺纹直径为 M3、M4、M5 时则没有这个小孔。这样就可以在定义这个孔对应的圆时，在"条件"文本框中输入"d＞5"作为这个圆出现的条件，电子图板会根据提取图符时指定的尺寸规格决定是否包含该图形元素。对于其他图形元素，让"条件"文本框空着即可。

除了逻辑表达式外，电子图板将大于零的表达式认为是真，将小于等于零的表达式认为是假。因此总不出现的图形元素的条件可以定义为–1，不填写条件或将条件定义为 1，则图形元素将总出现。条件可以是两个表达式的组合，例如需要同时满足 d＞5 和 d＜36，可以在"条件"文本框中输入"d＞5&d＜36"来表示"与"运算；如果满足 d＜5 或 d＞36，可以在"条件"文本框中输入"d＜5｜d＞36"表示"或"运算，其中"｜"符号与 C 语言一样，为"或"运算符，是用 Shift＋\输入的。

在定义图形元素和中间变量时经常要用到一些数学函数，函数的使用格式与 C 语言中的用法相同，所有函数的参数须用括号括起来，且参数本身也可以是表达式。有 sin、cos、tan、asin、acos、atan、sinh、cosh、tanh、sqrt、fabs、ceil、floor、exp、log、log10、sign 共 17 个函数。

三角函数 sin、cos、tan 的参数单位采用角度。如 sin(30)＝0.5，cos(45)＝707，tan(45)＝1。

反三角函数 asin、acos、atan 的计算结果单位为角度。如 asin(0.866)＝60，acos(0.5)＝60，atan(1)＝45。

sinh、cosh、tanh 为双曲函数。

sqrt(x)表示 x 的平方根。如 sqrt(25)＝5。

fabs(x)表示 x 的绝对值。如 fabs(-36)＝36。

ceil(x)表示大于等于 x 的最小整数。如 ceil(5.4)＝6。

floor(x)表示小于等于 x 的最大整数。如 floor(3.7)＝3。

exp(x)表示 e 的 x 次方。

log(x)表示 lnx（自然对数），log10(x)表示以 10 为底的对数。

sign(x)在 x 大于 0 时返回 x，在 x 小于等于 0 时返回 0。如 sign(2.6)＝2.6，sign(–3.5)＝0。

幂用^表示，如 x^5 表示 x 的 5 次方；求余运算符用%表示，如 26%3＝2，2 为 26 除以 3 的余数。

在表达式中乘、除运算分别用"*"、"/"表示；表达式中只能用小括号，没有大括号和中括号，运算的优先级是通过小括号的嵌套来体现的。

如下表达式是合法的表达式：1.5*h*sin(30)–2*d^2/sqrt(fabs(3*t^2–x*u*cos(2*alpha)))。

当元素定义完成后，单击"下一步"按钮，将弹出"变量属性定义"对话框，如图 10-17 所示。

在该对话框中可定义变量的属性：系列变量、动态变量。系列变量和动态变量的含义前面已做介绍，不再赘述。系统默认的变量属性均为"否"，即变量既不是系列变量，也不是动态变量。可单击相应的单元格，这时单元格中的字变成蓝色，可用空格键切换"是"和"否"，也可输入"y"或"n"进行切换。变量的序号从 0 开始，决定了在输入标准数据和选择尺寸规格时各个变量的排列顺序，一般应将选择尺寸规格时作为主要依据的尺寸变量的序号指定为 0。"序号"列中已经指定了默认的序号，可以编辑修改。设定完成后单击"下一步"按钮。

此时，弹出"图符入库"对话框，如图 10-18 所示。

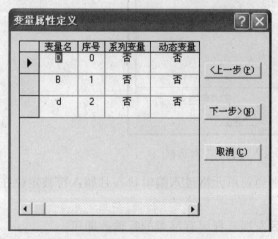

图 10-17 "变量属性定义"对话框

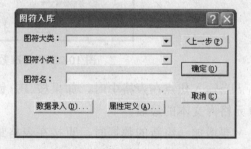

图 10-18 "图符入库"对话框

可在"图符大类"和"图符小类"下拉列表框中为新建图符选择一个所属类，也可以输入一个新的类名，然后在"图符名"文本框中输入新建图符的名称。

单击"属性定义"按钮，弹出"属性录入与编辑"对话框，如图 10-19 所示，从中可以输入图符的属性，这些属性可在提取图符时被预览，而且提取后未被打散的图符记录有属性信息可供查询。

图 10-19 "属性录入与编辑"对话框

单击"数据录入"按钮,弹出"标准数据录入与编辑"对话框,如图 10-20 所示。尺寸变量按"变量属性定义"对话框中指定的顺序排列。

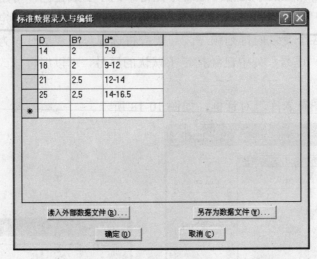

图 10-20 "标准数据录入与编辑"对话框

当输入焦点在表格中时,如果按 F2 键则当前单元格进入编辑状态且插入符被定位在单元格内文本的最后。

要增加一组新的数据时,直接在表格最后左端选择区有星号的行输入即可。

输入任一行数据的系列尺寸值时,尺寸取值下限和取值上限用一个除数字、小数点、字母 E 以外的字符分隔,例如"8~40"、"16/80"、"25,100"等,但应尽量保持统一,以利美观。

在标题行的系列变量名后将有一个星号,单击系列变量名所在的标题格,将弹出"系列变量值输入与编辑"对话框,如图 10-21 所示;从中按由小到大的顺序输入系列变量的所有取值,用逗号分隔,对于标准中建议尽量不采用的数据可以用括号括起来。

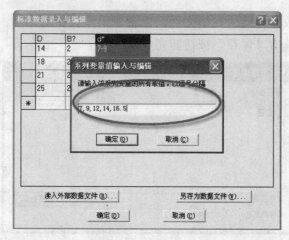

图 10-21 "系列变量值输入与编辑"对话框

如果某一列的宽度不合适，将鼠标指针移动到该列标题的右边缘，按下鼠标左键并水平拖动，就可以改变相应列的宽度；同样，如果行的高度不合适，将鼠标指针移动到表格左端任意两个相邻行的选择区交界处，按下鼠标左键并竖直拖动，就可以改变所有行的高度。

该对话框对输入的数据提供了以行为单位的各种编辑功能。

将光标定位在任一行，按 Insert 键则在该行前面插入一个空行，以供在此位置输入新数据；单击任一行左端的选择区则选中该行，按 Delete 键可以删除该行。

在选择一行或连续的多行数据（选择多行数据时需要在按下鼠标左键的同时按下 Ctrl 键，其中选择第一行时可以不按下 Ctrl 键）后，可以通过鼠标的拖放来实现数据的剪切或复制。按下鼠标左键并拖动（复制时要同时按下 Ctrl 键），光标的形状将改变，提示用户当前处于剪切或复制状态。拖动到合适的位置释放鼠标按键，则被选中的数据将被剪切或复制到光标所在行的前面。

也可以对单个单元格中的数据进行剪切、复制和粘贴操作。单击或双击任一单元格中的数据，使数据处于高亮状态，按 Ctrl＋X 键则实现剪切，按 Ctrl＋C 键则实现复制，然后将光标定位于要插入数据的单元格，按 Ctrl＋V 键，剪切或复制的数据就被粘贴到该单元格。

可从外部数据文件中读取数据。单击"读入外部数据文件"按钮，弹出如图 10-22 所示的对话框，找到外部数据文件，单击"打开"按钮即可。

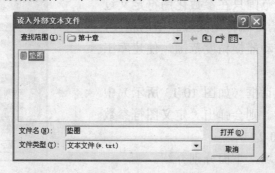

图 10-22 "读入外部文本文件"对话框

也可以将录入的数据存储为数据文件，以备后用；在如图 10-23 所示的对话框中输入导出文件的名字后，单击"保存"按钮即完成操作。

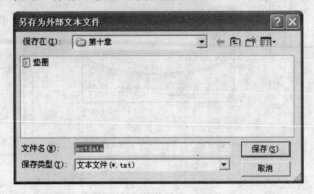

图 10-23 "另存为外部文本文件"对话框

注意 读取文件的数据格式应与数据表的格式完全一致。

一般外部数据文件的格式为：数据文件的第一行输入尺寸数据的组数；从第二行起，每行记录一组尺寸数据，其中标准中建议尽量不采用的值可以用括号括起来；一行中的各个数据之间用若干个空格分隔，一行中的各个数据的排列顺序应与在变量属性定义时指定的顺序相同。

在记录完各组尺寸数据后，如果有系列尺寸，则在新的一行里按由小到大的顺序输入系列尺寸的所有取值，同样标准中建议尽量不采用的值可以用括号括起来。各数值之间用逗号分隔。一个系列尺寸的所有取值应输入到同一行，不能分成多行。

如果图符的系列尺寸不止一个，则各行系列尺寸数值的先后顺序也应与将在变量属性定义时指定的顺序相对应。

在图 10-23 所示对话框中，所有项都填好以后，单击"保存"按钮，可把新建的图符加到图库中。此时，参数化图符的定义操作全部完成，再次提取图符时，可以看到新建的图符已出现在相应的类中。

10.2.3　图符参数控制

图符参数控制作用范围只在参数化图符定义过程中。它允许用户自己给定图符定义过程中的精度，处理图符定义过程中自动捕捉精度范围，使建库工作更灵活方便。

在"元素定义"对话框（如图 10-13 所示）中单击"参数控制"按钮，则会弹出"定义图符参数控制"对话框，如图 10-24 所示。

对话框分为四大区域，下面分别介绍。

①区："自动吸附精度"决定电子图板根据已定

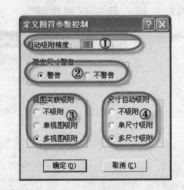

图 10-24 "定义图符参数控制"对话框

义的图形元素来更新未定义图形元素的默认定义时进行匹配的敏感程度。数值越小，匹配越严格。例如直线 L1 的端点 P1 和直线 L2 的端点 P2，两点距离小于精度值，则修改 P1 点的参量定义，P2 点会同时被更新（若 P2 点未进行参量定义）。若尺寸的一个引出点同 P1 的距离小于精度值，则该引出点也会被同时更新（当尺寸吸附有效时）。

②区：所谓孤立尺寸指那些不附着于端点、圆心点、圆的象限点、弧的起终点、块定位点及孤立点的尺寸。这种尺寸随图符提取出来后有可能和图形元素脱节，此开关打开后，在进行尺寸变量命名时，若尺寸为孤立尺寸，会弹出警告框。在定义图符时应避免出现孤立尺寸，线性尺寸的引出点应在线的端点、圆心点、圆的象限点、弧的起终点、块定位点及孤立点上。如无法通过捕捉上述点进行标注时，则需要做辅助孤立点。

③区：此功能主要控制视图关联的作用范围。"不吸附"指系统不进行图形元素定义表达式的自动匹配；"单视图吸附"指系统只在当前视图范围内进行图形元素定义表达式的自动匹配；"多视图吸附"指系统对所有视图进行图形元素定义表达式的自动匹配。

④区："不吸附"指尺寸的引出点不随被标注图形元素的移动而移动；"单尺寸吸附"指系统只对单个受影响的尺寸引出点进行更新；"多尺寸吸附"指系统对所有受影响的尺寸引出点进行更新。

10.3 图库管理

CAXA 电子图板 2007（企业版）的图库是一个面向用户的开放图库，用户不仅可以提取图符、定义图符，还可以通过软件提供的图库管理工具对图库进行管理。

选择"绘图"→"库操作"→"图库管理"命令，弹出"图库管理"对话框，如图 10-25 所示。

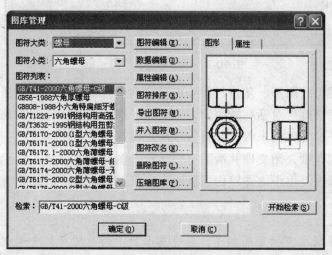

图 10-25 "图库管理"对话框

这个对话框与前面提取图符过程中遇到的"提取图符"对话框非常相似。其中左侧的图符选择、右侧的预览和下部的图符检索的使用方法相同，只是在中间安排了 8 个操作按钮，通过这 8 个按钮可实现图库管理的全部功能。下面分别介绍。

10.3.1 图符编辑

图符编辑实际上是图符的再定义，可以对图库中原有的图符进行全面的修改，也可以利用图库中现有的图符进行修改、部分删除、添加或重新组合，定义成相类似的新的图符。

在如图 10-25 所示的"图库管理"对话框中选择要编辑的图符名称，可通过右侧预览框对图符进行预览，具体方法与提取图符时一样。下面以选择
"GB/T41-2000 六角螺母-C 级"为例进行讲解。

单击"图符编辑"按钮，将弹出如图 10-26 所示的下拉菜单。

如果只是要修改参量图符中图形元素的定义或尺寸变量的属性，可以选择"进入元素定义"命令，则"图库管理"对话框被关闭，进入"元素定义"对话框，如图 10-27 所示，从中可对图符的定义进行编辑修改。

图 10-26 "图符编辑"下拉菜单

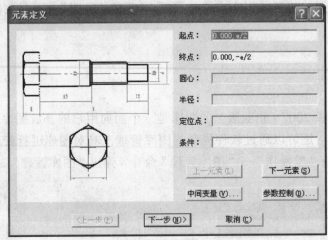

图 10-27 "元素定义"对话框

如果需要对图符的图形、基点、尺寸或尺寸名进行编辑，可以选择"进入编辑图形"命令，同样"图库管理"对话框被关闭。由于电子图板要把该图符插入绘图区以供编辑，因此如果当前打开的文件尚未保存，将提示用户保存文件。

如果文件已保存则关闭文件并清除屏幕显示。图符的各个视图显示在绘图区，此时可对图形进行编辑修改。由于该图符仍保留原来定义过的信息，因此编辑时只需对要变动的地方进行修改。

注意 这里与图库提取有所不同的是，在屏幕上显示的是图符的全部视图及尺寸变量，且各视图内部均被打散为互不相关的元素，各元素的定义表达式、各尺寸变量的属性（即是否系列变量、动态变量）及全部尺寸数值均保留，这样可以大大减少用户的重复劳动。

接下来可以在绘图区内对图形进行编辑，比如可以添加或删除曲线、尺寸等。

修改后，可按 10.3 节中介绍的方法对修改过的图符进行重新定义。在图符入库时如果输入了一个与原来不同的名字，就定义了一个新图符；如果使用原来的图符类别和名称，则实现对原来图符的修改。

10.3.2 数据编辑

数据编辑是对参数化图符原有的数据进行修改、添加和删除。

在"图库管理"对话框中选择要进行数据编辑的图符名称，可通过右侧预览框对图符进行预览，具体方法与提取图符时一样。

单击"数据编辑"按钮，弹出"标准数据录入与编辑"对话框，如图 10-28 所示。

规格	d	l*?	ds	l3	l2	dp
M6	6	25~65	7	l-12	1.5	4
M8	8	25~80	9	l-15	1.5	5.5
M10	10	30~120	11	l-18	2	7
M12	12	35~180	13	l-22	2	8.5
(M14)	14	40~180	15	l-25	3	10
M16	16	45~200	17	l-28	3	12
(M18)	18	50~200	19	l-30	3	13
M20	20	55~200	21	l-32	4	15
(M22)	22	60~200	23	l-35	4	17
M24	24	65~200	25	l-38	4	18

读入外部数据文件(R)...   另存为数据文件(W)...

确定(O)   取消(C)

图 10-28 "标准数据录入与编辑"对话框

在该对话框中可以对数据进行修改，操作方法同定义图符时的数据录入操作一样，可参考上面几节的相应部分。修改结束后单击"确定"按钮，可返回"图库管理"对话框，从中可进行其他图库管理操作。全部操作完成后，单击"确定"按钮，结束图库管理操作。

10.3.3 属性编辑

属性编辑是对图符原有的属性进行修改、添加和删除。

在"图库管理"对话框中选择要进行属性编辑的图符名称，可通过右侧预览框对图符进行预览。

单击"属性编辑"按钮，弹出"属性录入与编辑"对话框，如图 10-29 所示。

在该对话框中可以对属性进行修改，操作方法同定义图符时的属性编辑操作一样。修改后单击"确定"按钮，可返回"图库管理"对话框，从中可进行其他图库管理操作。全部操作完成后，单击"确定"按钮，结束图库管理操作。

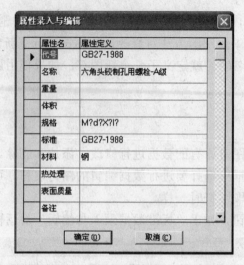

图 10-29 "属性录入与编辑"对话框

10.3.4 图符排序

图符排序可以把图库大类、小类以及图符在类中的位置按照用户习惯的方式排列，可以把常用的类和图符排在前面，这样可以简化查找图符的操作。

在"图库管理"对话框中单击"图符排序"按钮，弹出"图符排序"对话框，如图 10-30 所示。

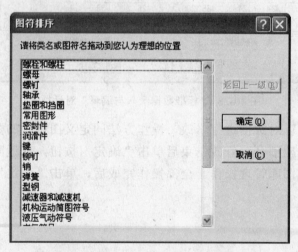

图 10-30 "图符排序"对话框

在列表框中列出了图库的每个大类，单击要移动的类名，该类名变为蓝色，表示被选中；按住鼠标左键不放，进行拖动，可看到一灰色窄条跟随鼠标移动，它表示移动后到达的新位置；当移动到合适的位置后，放开鼠标左键，可以看到该类的位置已经发生了变化。

若双击大类的类名，则可显示出该大类中的所有小类；同理，双击小类的类名，可显示出该小类中所有的图符。图符和小类的排序方法与大类的排序方法一样，排序完成后，单击"返回上一级"按钮可层层返回。

所有排序完成后单击"确定"按钮，可返回"图库管理"对话框，进行其他图库管理操作。全部操作完成后，单击"确定"按钮，结束图库管理操作。

10.3.5　导出图符

导出图符是将需要导出的图符以"图库索引文件（*.idx）"的方式在系统中进行保存。

在"图库管理"对话框中单击"导出图符"按钮，将弹出"导出图符"对话框，如图 10-31 所示。

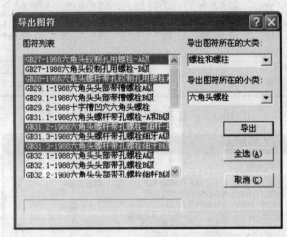

图 10-31　"导出图符"对话框

在"图符列表"列表框中列出了该类型中所有图符，可以选择需要导出的图符，如果全部需要导出，可单击"全选"按钮；如果一次性导出多项，可以在按住 Ctrl 键的同时单击选择。

选择需要导出的图符后，单击"导出"按钮，在弹出的"另存文件"对话框中输入要保存的图库索引文件名，单击"保存"按钮完成图符的导出。

10.3.6　并入图符

并入图符指将格式为"图库索引文件（*.idx）"的图符并入图库。

在"图库管理"对话框中单击"并入图符"按钮，将弹出"打开图库索引文件"对话框，如图 10-32 所示。

可选择需要转换图库的索引文件，选择后，单击"打开"按钮，可弹出"并入图符"对话框，如图 10-33 所示。

在"图符列表"列表框中列出了索引文件中的所有图符，可以选择需要转换的图符，如果全部需要转换，可单击"全选"按钮，然后再选择转换后图符放入哪类，也可输入新类名以创建新的类；所有选择完成后，单击"并入"按钮，对话框底部的进程条将显示转换的进度。

转换完成后可返回"图库管理"对话框，进行其他图库管理操作。全部操作完成后，单击"确定"按钮，结束图库管理操作。

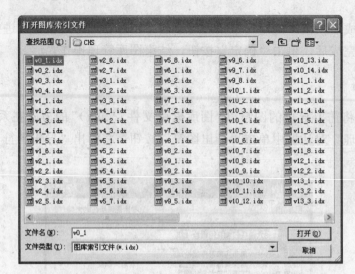

图 10-32 "打开图库索引文件"对话框

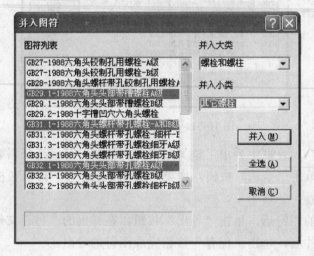

图 10-33 "并入图符"对话框

10.3.7 图符改名

图符改名即对图符原有的名称以及图符大类和小类的名称进行修改。

单击"图符改名"按钮，将弹出如图 10-34 所示的下拉菜单。

选择"重命名当前图符"命令，将弹出"图符改名"对话框，如图 10-35 所示。

图 10-34 "图符改名"下拉菜单

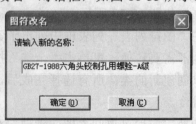

图 10-35 "图符改名"对话框

在文本框中输入新的图符名称，单击"确定"按钮，可返回"图库管理"对话框，进行其他图库管理操作。全部操作完成后，单击"确定"按钮，结束图库管理操作。

10.3.8 删除图符

删除图符是删除图库中无用的图符，也可以一次性删除无用的一大类或者一小类图符。

在"图库管理"对话框中选择要删除的图符，可通过右侧预览框对图符进行预览，具体方法与提取图符时一样。

单击"删除图符"按钮，将弹出如图 10-36 所示的下拉菜单。

选择"删除当前图符"命令，为了避免误操作，系统询问是否确定要删除该图符，如图 10-37 所示。

图 10-36 "删除图符"下拉菜单   图 10-37 警告对话框

可根据实际情况单击"确定"或"取消"按钮。删除操作完成或被取消后可返回"图库管理"对话框进行其他图库管理操作。全部操作完成后，单击"确定"按钮，结束图库管理操作。

10.3.9 压缩图库

一般图库经过编辑以后，会在图库文件中产生冗余信息。压缩图库功能就是用于除去图库文件中可能存在的冗余信息，减少图库文件占用的硬盘空间，提高读取图符信息的效率。

在"图库管理"对话框中选取要压缩的图符小类。单击"压缩图库"按钮，弹出"压缩图库"对话框，如图 10-38 所示。

单击"开始"按钮可进行压缩，压缩过程中，进程条将显示压缩进度。压缩完成后单击"关闭"按钮返回"图库管理"对话框，进行其他图库管理操作。全部操作完成后，单击"确定"按钮，结束图库管理操作。

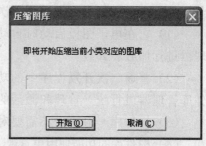

图 10-38 "压缩图库"对话框

10.4 驱动图符

驱动图符是对已提取出的没有打散的图符进行驱动，即改变已提取出来的图符的尺寸规格、尺寸标注情况和图符输出形式（打散、消隐、原态）。图符驱动实际上是对图符提取的完善处理。

选择"绘图"→"库操作"→"驱动图符"命令。

根据系统提示，用鼠标左键拾取想要变更的图符。

选定以后，弹出"图符预处理"对话框（图 10-39 是拾取螺母后的对话框）。

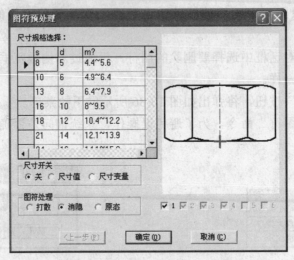

图 10-39 "图符预处理"对话框

接下来的操作与提取图符的操作一样，可对图符的尺寸规格、尺寸开关以及图符处理等项目进行修改，修改完成单击"确认"按钮后，绘图区内原图符被修改后的图符代替，但图符的定位点和旋转角不改变。至此，图符驱动操作完成。

10.5 构件库

构件库是一种新的二次开发模块的应用形式，构件库的开发和普通二次开发基本上是一样的，只是在使用上与普通二次开发应用程序有以下区别：

（1）它在电子图板启动时自动载入，在电子图板关闭时退出，不需要通过应用程序管理器进行加载和卸载。

（2）普通二次开发程序中的功能是通过菜单激活的，而构件库模块中的功能是通过构件库管理器进行统一管理和激活的。

（3）构件库一般用于不需要对话框进行交互，而只需要立即菜单进行交互的功能。

（4）构件库的功能使用更直观，它不仅有功能说明等文字说明，还有图片说明，更加形象。

10.5.1 构件库的操作步骤

在使用构件库之前，首先应该把编写好的库文件 Eba 复制到 EB 安装路径下的构件库目录\Conlib 中，在该目录中已经提供了一个构件库的例子 EbcSample，下面以该构件库为例进行讲解。

选择"绘图"→库操作"→"构件库"命令，或者在"绘图"工具栏中单击"构件库"

按钮🔳，弹出如图 10-40 所示的对话框。

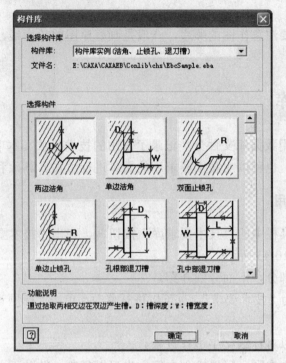

图 10-40 "构件库"对话框

在"构件库"下拉列表框中可以选择不同的构件库，在"选择构件"选项组中以图标按钮的形式列出了这个构件库中的所有构件，单击后在"功能说明"选项组中列出了所选构件的功能说明。

选择后单击"确定"按钮就会执行所选的构件。

若选择"两边洁角"，单击"确定"按钮，系统提示"请拾取第一条边："，如图 10-41 所示。

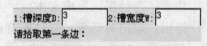

图 10-41 "槽构件"立即菜单

拾取第一条边后，系统提示"请拾取第二条边"，拾取第二条边后，系统自动生成洁角。图 10-42 所示为洁角的操作图例。对于其他的构件，操作类似，不再赘述。

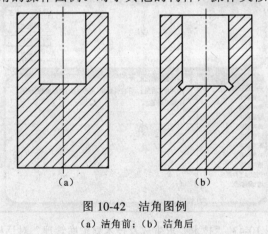

图 10-42 洁角图例

（a）洁角前；（b）洁角后

10.5.2　使用注意事项

在使用构件库时要注意作图的顺序，一般是画好原图的轮廓线，然后进行构件操作，接着添加剖面线。

10.6　技术要求库

CAXA 电子图板用数据库文件分类记录了常用的技术要求文本项，可以辅助生成技术要求文本插入工程图，也可以对技术要求库的文本进行添加、删除和修改。

10.6.1　技术要求库调用

单击"绘图"工具栏中的"技术要求库"按钮 ，弹出"技术要求生成及技术要求库管理"对话框，如图 10-43 所示。

对话框分为三个部分，下面分别介绍。

①区：系统默认为"技术要求"，也可以进行修改。单击"标题设置"按钮将弹出如图 10-44 所示的对话框。

在该对话框中可以对标题文字进行设置。

②区：单击激活文本区，可以输入文字，也可以复制、粘贴下面的库区的文字。在②区的右边有"插入"、"设置"、"生成"、"退出"四个按钮。含义如下。

插入：可以插入各类符号和代号，方法参见 9.7.1 节。

设置：设置文字的格式与风格，方法参见 9.7.1 节。

生成：在绘图区生成文本。

退出：退出对话框，并且所有设置不保存。

③区：左边为技术要求大类，单击其中的某项后右边显示相应的小类。

图 10-43　"技术要求生成及技术要求库管理"对话框

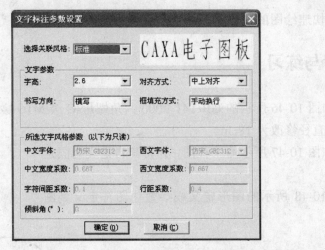

图 10-44 "文字标注参数设置"对话框

10.6.2 技术要求的辅助生成

生成技术要求首先要弹出如图 10-43 所示的对话框。

在对话框中，首先单击激活"正文内容"文本框，选择依次所需要的大类和小类，选中小类后，按住鼠标左键，将文本拖到文本框中，系统自动生成序号。或者选中小类后，右击，弹出如图 10-45 所示的快捷菜单。

选择"复制"命令，激活文本框后，按 Ctrl＋V 键或者右击，选择"粘贴"命令，即可粘贴文本。可以在文本框中对从库中调出的文字进行编辑。

图 10-45 快捷菜单

10.6.3 技术要求库的管理

技术要求库的管理工作也是在图 10-43 所示的对话框中进行。选择左下角列表框中的不同类别，右下角的表格中的内容随之变化。

要修改某个文本项的内容，直接在表格中修改即可；要增加新的文本项，可以在表格最后左边有星号的行输入；要删除文本项，则单击相应行左边的选择区选中该行，再按 Delete 键删除；要增加一个类别，选择列表框中的最后一项"增加新类别"，输入新类别的名字，然后在表格中为新类别增加文本项；要删除一个类别，选中该类别，按 Delete 键，在弹出的消息框中单击"是"按钮，则该类别及其中的所有文本项都被从数据库中删除；要修改类别名，双击，再进行修改。完成管理工作后，单击"退出"按钮退出对话框，所有设置将保存在技术要求库中。

10.7 本章小结

本章主要介绍提取、自定义图符的方法和技巧，介绍了管理图库的相关操作。熟练掌握这些技巧是快速绘图的重要途径，也是高效绘图的重要手段。

10.8 思考与练习

1. 提取如图 10-46 所示的 GB/T41-2000 六角螺母-C 级 M16 螺母，并通过"驱动图符"的操作将螺母直径修改为 18cm。

2. 绘制如图 10-47 所示的工程图，并将其自定义为固定图符。

3. 将图 10-48 所示的图形定义成参数化图符定义到图库中。

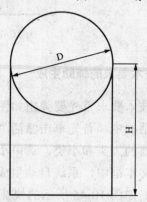

图 10-46　练习 1 图

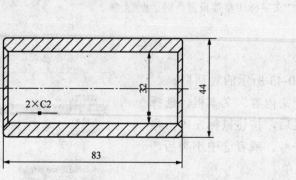

图 10-47　练习 2 图　　　　　图 10-48　练习 3 图

本章要点

➢ 图层的概念

➢ 图层的操作

➢ 图层属性的设置

本章导读

➢ 基础内容：了解 CAXA 电子图板中图层的概念以及相关的操作，了解图层属性的设置。

➢ 重点掌握：设置当前层的方法和技巧、新建图层的方法、图层属性的相关设置。

➢ 一般了解：对实体的层控制的技巧性较强，入门的用户只需要了解即可。

11.1　层的概念

CAXA 电子图板 2007（企业版）绘图系统同其他 CAD/CAM 绘图系统以及图形处理软件一样，为用户提供了分层功能。

在 CAXA 电子图板中，层也称为图层，是开展结构化设计不可缺少的软件环境。众所周知，一幅工程图纸包含各种各样的信息，有确定实体形状的几何信息，有表示文字的文本信息，也有表示线型、颜色等属性的非几何信息，当然还有各种尺寸和符号。这么多的内容集中在一张图纸上，必然会给设计绘图工作造成很大负担，若不分类管理，很容易造成混乱。如果能够把相关的信息集中在一起，或把某个零件、某个组件集中在一起单独进行绘制或编辑，当需要时又能够组合或单独提取，将使绘图设计工作变得简单而又方便。本章介绍的图层就具备这种功能，可以采用分层的设计方式完成上述要求。

可以把层想象为一张没有厚度的透明薄片，实体及其信息就存放在这种透明薄片上。在 CAXA 电子图板中最多可以设置 100 层，但每个图层的层名必须各不相同。不同的层上可以设置不同的线型和不同的颜色，也可以设置其他信息。层与层之间由一个坐标系（即全局坐标系）统一定位。所以，一个图形文件的所有层可以重叠在一起而不会发生坐标关系的混乱。图 11-1 形象地说明了层的概念。

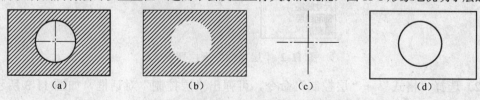

图 11-1　层的概念

（a）组合结果；（b）剖面线层；（c）中心线层；（d）0 线层

各图层之间不但坐标系是统一的，其缩放系数也是一致的。因此，层与层之间可以完全对齐。一个图层中的某一标记点会自动精确地对应在各图层中的同一位置点上。

图层是有状态的，其状态是可以改变的。图层的状态包括层名、层描述、线型、颜色、打开与关闭，以及是否为当前层等。每个图层都对应一种由系统设定的颜色和线型。系统规定，启动后的初始层为"0层"，它为当前层，线型为粗实线。可以通过"编辑"菜单更改图层中实体的线型和颜色，也可以通过本章后面介绍的图层线型和图层颜色来更改。还可以通过常驻菜单中的"线型选择"和"颜色设置"来改变系统当前的线型和颜色。图层是可以建立的，也可以被删除。图层可以打开，也可以关闭。打开的图层上的实体在屏幕上可见，关闭的图层上的实体在屏幕上不可见。

为了便于用户使用，系统预先定义了 7 个图层，这 7 个图层的层名分别为"0 层"、"中心线层"、"虚线层"、"细实线层"、"尺寸线层"、"剖面线层"和"隐藏层"，每个图层都按其名称设置了相应的线型和颜色。

11.2　图层的操作

CAXA 电子图板中对图层进行操作有三个区域，即属性工具条的"当前层选择"下拉列表框、主菜单中"格式"→"层控制"命令以及"修改"→"改变层"命令。下面分别对各种图层的操作进行介绍。

11.2.1　设置当前层

设置当前层是将某个图层设置为当前层，随后绘制的图形元素均放在此当前层上。

系统只有唯一的当前层，其他的图层均为非当前层。所谓当前层就是当前正在进行操作的图层。用户当前的操作都是在当前层上进行的，因此当前层也可称为活动层。为了对已有的某个图层中的图形进行操作，必须将该图层设置为当前层。

设置当前层的方法有四种。

（1）如图 11-2 所示，单击属性工具条中的"当前层"下拉列表框中的下拉按钮，可弹出图层列表，在列表中单击所需的图层即可完成当前层选择的设置操作。

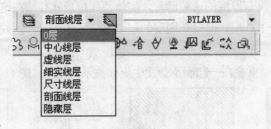

图 11-2　"层属性"下拉列表

（2）选择"格式"→"层控制"命令，可弹出"层控制"对话框，如图 11-3 所示。对话框的上部显示出当前图层是哪个层（图 11-3 中的椭圆区），在图层列表框中单击所需的图层后，单击"设置当前图层"按钮，设置后单击"确定"按钮可结束操作。

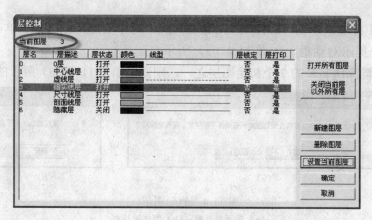

图 11-3 "层控制"对话框

（3）单击"属性"工具栏中的"层控制"按钮，也可以弹出如图 11-3 所示的"层控制"对话框，余下的操作与第二种方法一样。

（4）也可以输入命令 Layer，弹出如图 11-3 所示的"层控制"对话框，余下的操作与第二种方法一样。

11.2.2 图层改名

图层改名是改变一个已有图层的名称。

图层的名称分为层名和层描述两部分。层名是层的代号，是层与层之间相互区别的唯一标志，因此不允许有相同层名的图层存在。层描述是对层的形象描述，层描述尽可能体现出层的性质，不同层之间层描述可以相同。

在图 11-3 所示的"层控制"对话框中，双击要修改的层名或层描述的相应位置，在该位置上出现一个文本框，可在相应的文本框中输入新的层名或层描述，输完后单击文本框外任意一点即可结束编辑。

这时在"层控制"对话框中可以看到对应的内容已经发生了变化，单击"确定"按钮即可完成更名操作。

注意　本操作只改变图层的名称，不会改变图层上的原有状态。

11.2.3 新建图层

新建图层即创建一个新的图层。先调出如图 11-3 所示的"层控制"对话框，单击"新建图层"按钮，这时在图层列表框的最下边一行可以看到新建图层。新建的图层颜色默认为白色，线型默认为粗实线。可按照上节介绍的方法修改新建图层的层名和层描述。单击"确定"按钮可结束新建图层操作。

11.2.4 删除图层

删除图层是删除用户自己建立的图层。

先调出如图 11-3 所示的"层控制"对话框，从中选中要删除的图层，单击"删除图层"按钮，弹出一个提示对话框，如图 11-4（a）所示。

如果试图删除系统自带的 7 个初始图层之一，则弹出如图 11-4（b）所示的警告对话框。

（a）　　　　　　　　　　　　　　　　（b）

图 11-4　删除图层
（a）提示对话框；（b）警告对话框

11.3 图层属性

上面介绍了有关图层的操作，即设置当前层、创建图层、图层改名等。除此之外，图层还具有属性，图层的属性也是可以更改的，下面介绍如何更改图层的属性。

11.3.1 打开和关闭图层

先调出如图 11-3 所示的"层控制"对话框，将鼠标指针移至欲改变图层的层状态（打开/关闭）位置上，单击就可以进行图层打开和关闭的切换。

注意 当前层不能被关闭。

图层处于打开状态时，该层上的实体被显示在屏幕绘图区；处于关闭状态时，该层上的实体处于不可见状态，但实体仍然存在，并没有被删除。

打开和关闭图层功能在绘制复杂图形时非常有用。在绘制复杂的多视图时，可以把当前无关的一些细节（即某些实体）隐去，使图面清晰、整洁，以便用户集中完成当前图形的绘制，以加快绘图和编辑的速度，待绘制完成后，再将其打开，显示全部内容。

例如可将尺寸线和剖面线分别放在尺寸线层和剖面线层，在修改视图时将其关闭，使视图更清晰；还可将作图的一些辅助线放入隐藏层中，作图完成后，将其关闭，隐去辅助线，而不用逐条删除。使用技巧还有很多，用户可以在实践中不断摸索、积累，以提高工作效率。

图 11-5 是图层打开、关闭的示例。

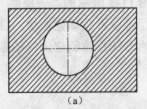　　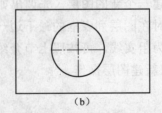

（a）　　　　　　　　　　　　　　　（b）

图 11-5　图层打开、关闭示例
（a）剖面线层打开；（b）剖面线层关闭

11.3.2 图层颜色

每个图层都可以设置一种颜色，并且颜色是可以改变的。系统已为常用的 7 个图层设置了不同的颜色。若想改变上述图层颜色状态，可进行如下操作。

先调出如图 11-3 所示的"层控制"对话框，单击欲改变层对应的颜色按钮，弹出如图 11-6 所示的"颜色设置"对话框。

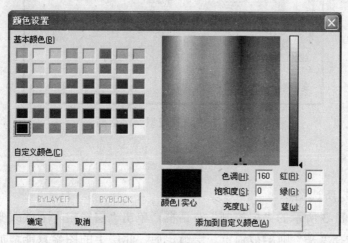

图 11-6 "颜色设置"对话框

可根据需要选择颜色，具体方法可参考"图形编辑"中的"改变颜色"部分。单击"确定"按钮后，返回"层控制"对话框，此时对应图层的颜色已改为用户选定的颜色。再单击"确定"按钮，屏幕上该图层中颜色属性为 BYLAYER 的实体全部改为用户刚才指定的颜色。

注意　此时系统原有的状态不发生变化，只将用户选定图层上的实体的颜色进行转换。"颜色设置"图标按钮随用户的选择而变化，例如显示 ▨ 表示当前颜色为 BYLAYER；如果将当前颜色改为黑色，则按钮变为 ■。

11.3.3 图层线型

系统为已有的 7 个图层设置了不同的线型，也为新创建的图层设置了粗实线的线型，所有这些线型都可以使用本功能重新设置。

先调出如图 11-3 所示的"层控制"对话框，在对话框中，单击欲改变层对应的线型图标，弹出"设置线型"对话框（图 11-7）。

可根据需要选择线型，选择确定后，返回"层控制"对话框，此时对应图层的线型已改为选定的线型。

单击"确定"按钮，屏幕上该图层中线型属性为 BYLAYER 的实体全部改为用户刚才指定的线型。

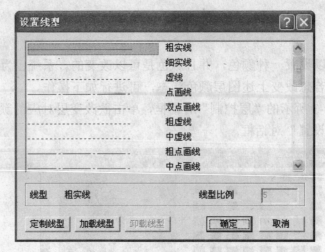

图 11-7 "设置线型"对话框

11.3.4 层锁定

层锁定即锁定所选图层。

先调出如图 11-3 所示的"层控制"对话框，单击"层锁定"下欲改变层对应的"是"、"否"选项，如选择"是"则层被锁定。层锁定后，此层上的图素只能增加，也可以选中图素，进行复制、粘贴、阵列、属性查询等操作，但是不能进行删除、平移、拉伸、比例缩放、属性修改、块生成等修改性操作。

注意 标题栏和明细表以及图框不受此限制。

11.3.5 层打印

在 CAXA 电子图板中可以选择是否打印所选图层中的内容。

先调出如图 11-3 所示的"层控制"对话框，单击"层打印"下欲改变层对应的"是"、"否"选项，如选择"是"则此层的内容可以打印输出，如果选择"否"则此层的内容不会输出。如果不想打印辅助线层，这些设置非常有用。

11.4 对实体的层控制

以上几节所介绍的是针对整个层的操作，该层上的全部实体均发生变化，实际上 CAXA 电子图板还提供了更加灵活的方式，就是本节所要介绍的面向实体的层操作。它可以对任何层上的任何一个或一组实体进行控制，可改变用户选定实体的层、颜色、线型等属性。

选择"修改"→"改变层"命令，或者输入命令 Mlayer，按系统提示选择需要改变的实体元素，选择后，右击确认，弹出"层控制（移动层）"对话框，如图 11-8 所示。

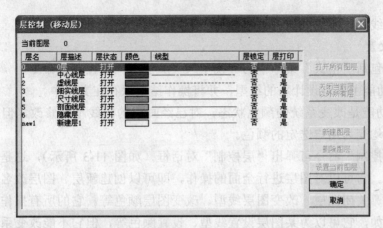

图 11-8 "层控制（移动层）"对话框

余下的操作可参照上几节所介绍的内容。也可以先拾取实体，拾取结束右击，从弹出的快捷菜单中选择"属性修改"命令，弹出如图 11-9 所示的对话框。

在对话框的上部，有一个下拉列表框，单击下拉按钮，列出所有选择实体的名称，选择任何一项可以显示其属性。单击"属性值"一栏各属性名对应的属性值，可以出现相应的下拉菜单，在菜单中可以对属性进行修改。

图 11-10（a）中的每个实体均在 0 层，现在用上面的方法将圆改为虚线层，中心线改为中心线层，矩形改为隐藏层，并将隐藏层关闭，改动后显示如图 11-10（b）所示的结果。

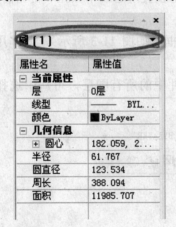

图 11-9 "属性修改"对话框

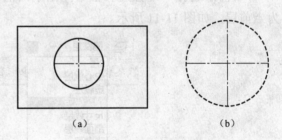

(a)　　　　　　　　　(b)

图 11-10 对实体的层操作
(a) 改动前；(b) 改动后

11.5 图层、线型和颜色

通过前面几节内容的介绍，已对图层以及图层的属性与操作有了全面了解。但是，由于图层、线型和颜色的操作在几个不同的位置都可以进行，彼此之间有一定的联系，但各自的侧重点又有所不同，因此，有必要对其使用范围作进一步的说明，以便用户能正确地进行操作。

对图层、线型、颜色的控制可以分为三类。

1. 系统设置

这类操作包括"格式"菜单中的"线型"、"颜色"、"层控制"命令。

"线型"功能主要是设计新的线型，并将操作结果保存在文件中。

"颜色"功能是改变系统的颜色状态，对已经画出的图线不做修改，但此后所有图层上所画的图线均变为用户选定的颜色。

选择"层控制"命令可弹出"层控制"对话框（如图 11-3 所示），这是实现对层的控制的主要途径。它可以对图层进行全面的操作，即可以创建新层、图层改名、设置当前层以及打开图层、关闭图层、改变图层线型、改变图层颜色等。它的所有操作都是对某个图层而言的。例如，它可以为某图层设置线型、设置颜色等，但它不能改变系统状态。

2. 图形编辑

这类操作包括"修改"菜单中的"改变线型"、"改变颜色"、"改变层"命令，以及快捷菜单中的"属性修改"命令。

这类操作的主要特点是面向实体，也就是说只有被选中的实体才会发生改变，它们不会改变系统状态，也不会改变层属性，它们的使用范围最窄；但另一方面，它们使用起来非常灵活，用户可以根据需要对任一图层上的任一实体进行修改。

3. 属性工具条

属性工具条中包括"层控制"、"颜色设置"、"线型设置"这三个按钮和"当前层选择"和"线型选择"两个下拉列表框。下面分别介绍。

单击"层控制"按钮📥，可弹出"层控制"对话框（如图 11-3 所示），其作用与"格式"→"层控制"命令一样。

"当前层选择"下拉列表框中列出了当前图形文件中的所有图层，可从中选择一个作为当前层，如图 11-11 所示。

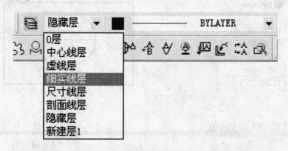

图 11-11 "层"下拉列表

单击"颜色选择"按钮📥可弹出"颜色设置"对话框（如图 11-6 所示），其功能和使用方法与"格式"→"颜色"命令一样。

单击"线型设置"按钮可弹出"设置线型"对话框（如图 11-7 所示），除了可以在线型列表中选择已有的线型，还可以从外部文件中加载用户自定义的线型。它同"当前层选择"下拉列表框一样，也是对系统当前状态进行修改，但是比列表框的功能更强大一些。

这三类控制方式相互联系，相辅相成，用户如能熟练掌握，灵活运用，可大大提高工作的效率和质量。

11.6　本章小结

　　本章主要介绍了图层的概念，图层的属性特征，图层的新建、修改、删除等操作方法。灵活运用图层的设置技巧对于绘制复杂的工程图具有非常重大的意义，图层的线型设置能够保证所绘图纸符合国标标准，颜色设置能方便用户阅览图纸。

11.7　思考与练习

　　1．简述图层的概念以及图层的作用。

　　2．CAXA 电子图板自带的图层有哪些？这些图层的默认线型和颜色是什么？

　　3．绘制如图 11-12（a）所示的图纸，并设置所有线型的颜色为黑色，然后隐藏剖面线和尺寸线，操作完成后的效果如图 11-12（b）所示。

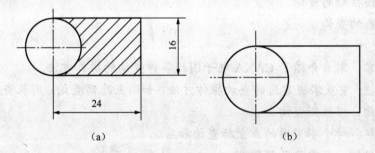

（a）　　　　　　　　　　　　　　（b）

图 11-12　练习 3 图

第 12 章
系 统 查 询

本章要点

- ➢ 点坐标的查询
- ➢ 两点距离的查询
- ➢ 角度查询
- ➢ 元素属性查询
- ➢ 周长查询
- ➢ 面积查询
- ➢ 重心和惯性矩的查询
- ➢ 系统状态的查询

本章导读

- ➢ 基础内容：本章介绍了 CAXA 电子图板各种查询的操作方法。
- ➢ 重点掌握：重点掌握常用的查询操作方法，如两点距离查询、周长查询、角度查询、面积查询、惯性矩查询。
- ➢ 一般了解：对于不常用的点坐标查询和系统状态的操作，只需要了解即可。

CAXA 电子图板 2007（企业版）提供了查询功能，它可以查询点的坐标、两点间距离、角度、元素属性、面积、重心、周长、惯性矩以及系统状态等项内容，还可以将查询结果存入文件。

系统查询主要是通过"工具"→"查询"子菜单（如图 12-1 所示）实现的。

在子菜单中有"点坐标"、"两点距离"、"角度"、"元素属性"、"周长"、"面积"、"重心"、"惯性矩"、"系统状态"等九项，下面分别介绍。

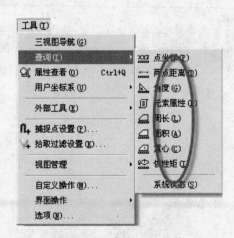

图 12-1 "查询"子菜单

12.1 查询点坐标

查询点的坐标首先应定义坐标原点，系统默认"点坐标"查询是以系统坐标系的坐标原点为原点。也可以自定义坐标系，设置自定义坐标系的原点为坐标原点。

下面介绍自定义坐标系的方法。

选择"工具"→"用户坐标系"→"设置"命令（图 12-2），系统提示"请指出用户坐标系原点："；拾取一个屏幕点后，系统提示"请输入旋转角度"；根据实际情况输入角度后，右击结束命令（或者按 Enter 键），则自动出现一个粉红色的坐标系，系统坐标系变为红色。

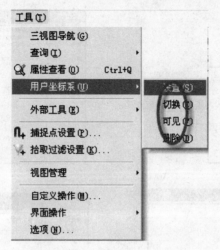

图 12-2 "用户坐标系"子菜单

注意 粉红色的坐标系为系统当前坐标系，若需要切换坐标系，可以选择"工具"→"用户坐标系"→"切换"命令。

若需要删除自定义坐标系，选择"工具"→"用户坐标系"→"删除"命令，按系统提示拾取需要删除的坐标系即可。

12.1.1 查询点坐标的操作步骤

定义坐标系后，便可进行点坐标查询的操作。

注意 若没有自定义坐标系，则默认坐标原点为系统坐标原点。

操作方法如下。

（1）选择"工具"→"查询"→"点坐标"命令，或者输入命令 Id。

（2）系统提示"拾取所需查询的点"，单击屏幕点或者用户自定义的点，选中后该点被标记成红色，同时在该点的右上角用数字对取点的顺序进行标记。

（3）可继续拾取其他点，拾取后右击确认，弹出"查询结果"对话框，对话框内按拾取的顺序列出所有被查询点的坐标值。

12.1.2 查询点坐标示例

在图 12-3（a）中，数字是需要查询点的编号，若选择切换为"系统坐标系"，按照上面的方法依次选择各个编号后，右击结束命令，弹出如图 12-3（b）所示的"查询结果"对话框，在对话框中顺序列出了各个点的坐标；若切换坐标系为"用户自定义坐标"，则弹出如图 12-3（c）所示的"查询结果"对话框。

在"查询结果"对话框下方有两个按钮："关闭"、"存盘"。单击"关闭"按钮，关闭对话框，单击"保存"按钮可以保存查询结果，弹出如图 12-3（d）所示的对话框。

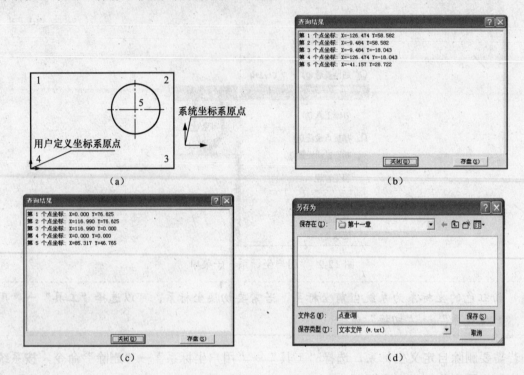

图 12-3　查询点坐标示例

（a）拾取查询点；（b）点坐标"查询结果"对话框（一）；（c）点坐标"查询结果"对话框（二）；（d）"另存为"对话框

12.2　查询两点的距离

该功能可以查询任意两点之间的距离。

12.2.1　查询两点距离的操作步骤

选择"工具"→"查询"→"两点距离"命令，或者输入命令 Dist，系统提示"拾取第一点："；拾取第一点后，系统提示"拾取第二点："；选中第二点后，弹出"查询结果"对话框。对话框内列出被查询两点间的距离以及第二点相对第一点的 X 轴和 Y 轴上的增量。

12.2.2　查询两点距离示例

如图 12-4（a）所示，按照上面的方法顺序选择两个点，弹出如图 12-4（b）所示的"查询结果"对话框。

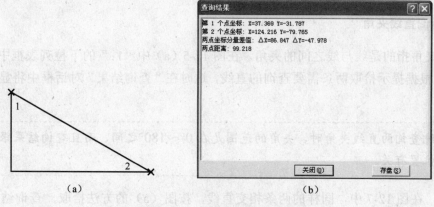

图 12-4 查询两点距离示例

（a）拾取查询点；（b）两点距离"查询结果"对话框

12.3 查询角度

查询角度功能用于查询圆心角、两直线夹角和三点夹角（单位为度）。

选择"工具"→"查询"→"角度"命令，弹出立即菜单，如图 12-5（a）所示。在"1:"右边的下拉列表框中有"圆心角"、"两直线夹角"、"三点夹角"三个选项，如图 12-5（b）所示，分别查询三类角度。下面具体介绍。

图 12-5 "角度"立即菜单

12.3.1 查询圆心角

查询圆心角主要是针对圆弧圆心角的查询。在图 12-5（a）中"1:"的下拉列表框中选择"圆心角"，系统提示"拾取一个圆弧："；拾取一段圆弧后，弹出"查询结果"对话框，列出了圆弧所对的圆心角。

图 12-6 所示为查询圆心角的示例。

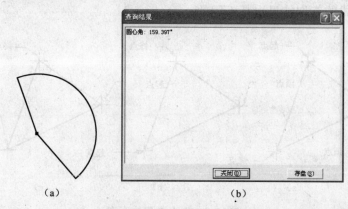

图 12-6 查询圆心角示例

（a）拾取圆弧；（b）圆心角"查询结果"对话框

12.3.2 查询直线夹角

直线夹角指的是线与线之间的夹角。在图 12-5（a）中"1："的下拉列表框中选择"直线夹角"，根据提示拾取两条需要查询的直线，这时在"查询结果"对话框中将显示出两直线夹角。

注意 系统查询两直线夹角时，夹角的范围是在 0°～180°之间，而且查询结果跟拾取直线的位置有关。

例如，在图 12-7 中，同样的两条相交直线，按图（a）的方法拾取，查询结果为 60°，按图（b）的方法拾取，查询结果为 120°。

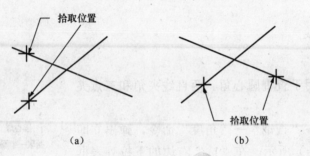

图 12-7　直线夹角的查询

12.3.3 查询三点夹角

查询三点夹角可查询任意三点的夹角。在图 12-5（a）中"1："的下拉列表框中选择"三点夹角"，按系统提示分别拾取顶点、起点和终点后，在"查询结果"对话框中显示出三点的夹角。这里夹角指以起点与顶点的连线为起始边，逆时针旋转到终点与顶点的连线所构成的角，因此三点选择的不同，其查询结果也不相同。例如，图 12-8（a）、（b）、（c）的查询结果分别为 300°、60°、315°。而且从中还可以看出，同一个角，用三点夹角方式和用两直线夹角方式的查询结果也是不同的。

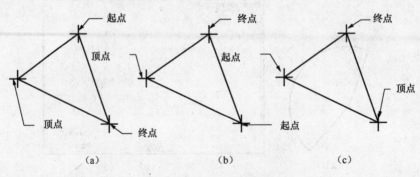

图 12-8　三点夹角的查询

查询完一个夹角以后，可继续查询其他夹角，查询完毕后，右击即可结束查询。

12.4 查询元素属性

CAXA 电子图板 2007（企业版）允许查询拾取到的图形元素的属性。这些图形元素包括点、直线、圆、圆弧、样条、剖面线、块等。

12.4.1 查询图形元素属性的操作步骤

选择"工具"→"查询"→"元素属性"命令，按提示要求依次拾取要查询的实体，拾取结束后右击确认，系统会在"查询结果"对话框中按拾取顺序依次列出各元素的属性。

12.4.2 查询图形元素属性示例

选择"工具"→"查询"→"元素属性"命令，框选图 12-9（a）中的所有元素，在"查询结果"对话框中列出了每个实体的所有属性，其中包括圆、圆弧、直线、剖面线、尺寸线和点。

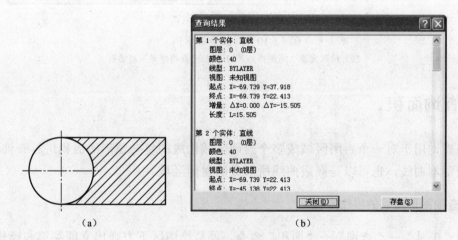

图 12-9 查询元素属性示例
（a）拾取元素；（b）元素属性"查询结果"对话框

12.5 查询周长

周长查询用于查询一系列首尾相连的曲线的总长度。这段曲线可以是封闭的，也可以是不封闭的；可以是基本曲线，也可以是高级曲线，如椭圆、公式曲线等。

12.5.1 查询图形周长的操作步骤

选择"工具"→"查询"→"周长"命令，按照提示拾取曲线后，弹出"查询结果"对话框，在对话框中依次列出了一系列首尾相连的曲线中每一条曲线的长度以及总长度。

12.5.2 查询图形周长示例

选择"工具"→"查询"→"元素属性"命令，系统提示"拾取要查询的曲线："，在如图 12-10（a）中，拾取矩形框的任何一条直线，弹出如图 12-10（b）所示的"查询结果"对话框。

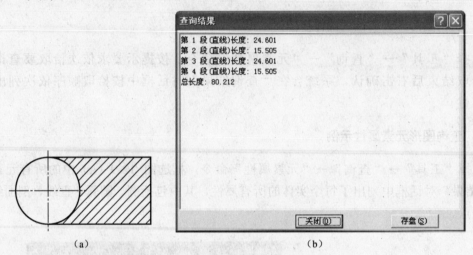

（a）　　　　　　　　　　　　（b）

图 12-10　周长查询示例

（a）拾取元素（矩形框）；（b）周长"查询结果"对话框

12.6 查询面积

面积查询用于对一个封闭区域或多个封闭区域构成的复杂图形的面积进行查询，此区域可以是基本曲线，也可以是高级曲线所形成的封闭区域。

12.6.1 查询图形面积的操作步骤

选择"工具"→"查询"→"面积"命令，屏幕绘图区下方弹出立即菜单和操作提示，其中"拾取环内点"指拾取要计算面积的封闭区域内的点，拾取完成后构成封闭环的曲线将显示为亮红色。

注意 搜索封闭环的规则与绘制剖面线的一样，均是从拾取点向左搜索最小封闭环。

立即菜单中的"增加面积"指将拾取封闭区域的面积与其他的面积进行累加；用鼠标选择该菜单或按 Alt+1 键可使该菜单变为"减少面积"，这是指从其他面积中减去该封闭区域的面积。利用这个立即菜单可以计算较为复杂的图形面积。

拾取结束后右击确认，可在弹出的"查询结果"对话框中看到所选的所有封闭区域的面积总和。

12.6.2　查询图形面积示例

下面介绍如何查询如图 12-11（a）所示的阴影部分的面积。

选择"工具"→"查询"→"面积"命令，然后在"增加面积"状态下拾取大矩形框内一点，单击或按 Alt+1 键将立即菜单切换为"减少面积"；分别拾取小矩形和圆内一点，拾取后右击确认，将弹出"查询结果"对话框显示阴影部分的面积，如图 12-11（b）所示。

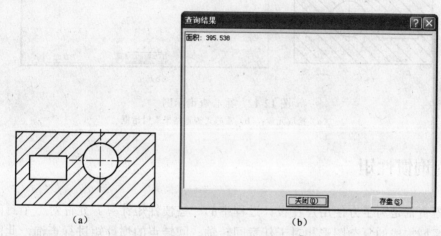

图 12-11　面积查询示例
（a）拾取元素；（b）面积"查询结果"对话框

12.7　查询重心

此功能方便用户在设计过程中的一些重心计算。允许用户对一个封闭区域或多个封闭区域构成的复杂图形的重心进行查询，此图形可以是基本曲线，也可以是高级曲线所形成的封闭区域。

12.7.1　查询图形重心的操作步骤

选择"工具"→"查询"→"重心"命令，在立即菜单中可通过 Alt＋1 键来切换"增加环"和"减少环"方式。"增加环"和"减少环"与查询面积中的"增加面积"和"减少面积"类似，都是拾取封闭区域的封闭环。因此，其操作与查询面积的方法一样，只是在拾取完成后，在"查询结果"对话框中显示的是重心的位置。

12.7.2　查询图形重心示例

下面介绍如何查询如图 12-12（a）所示的阴影部分的重心。

选择"工具"→"查询"→"重心"命令，然后在"增加环"状态下选择大矩形框内的一点，再单击或按 Alt＋1 键将立即菜单切换为"减少环"；分别拾取小矩形和圆内一点，拾取后右击确认，将弹出"查询结果"对话框显示阴影部分的重心，如图 12-12（b）所示。

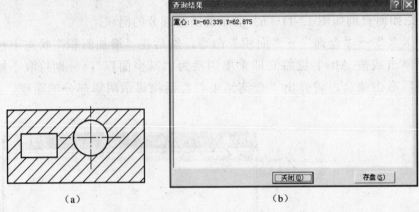

（a）　　　　　　　　　　　　　（b）

图 12-12　重心查询示例

（a）拾取元素；（b）重心"查询结果"对话框

12.8　查询惯性矩

惯性矩查询是为了方便用户在设计过程中的一些惯性矩计算。允许对一个封闭区域或多个封闭区域构成的复杂图形相对于任意回转轴、回转点的惯性矩进行查询，此图形可以是由基本曲线形成，也可以是由高级曲线形成的封闭区域。

12.8.1　查询惯性矩的操作步骤

（1）选择"工具"→"查询"→"惯性矩"命令。

（2）单击立即菜单"1："，如图 12-13 所示；可切换"增加环"方式和"减少环"方式，这与查询面积和重心时的使用方法相同。

（3）单击立即菜单"2："，可从中选择"坐标原点"、"Y 坐标轴"、"X 坐标轴"、"回转点"和"回转轴"方式，其中前三项为所选择的分布区域分别相对坐标原点、Y 坐标轴、X 坐标轴的惯性矩，还可以通过"回转轴"和"回转点"这两种方式自己设定回转轴和回转点，然后系统根据设定来计算惯性矩。

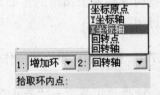

图 12-13　"惯性矩"立即菜单

（4）按照系统提示拾取封闭区域和回转轴（或回转点）后，系统立即在"查询结果"对话框中显示出惯性矩。

12.8.2　查询惯性矩示例

下面介绍如何查询如图 12-14（a）所示阴影部分相对于大矩形左边的惯性矩。

选择"工具"→"查询"→"惯性矩"命令，在"增加环"状态下拾取大矩形内的一点，再单击或按 Alt+1 键将立即菜单切换为"减少环"，分别拾取小矩形和圆内一点；拾取后右击确认，切换立即菜单"2："为"回转轴"，系统提示"拾取回转轴线："；拾取大矩形的左边线，弹出如图 12-14（b）所示的"查询结果"对话框。

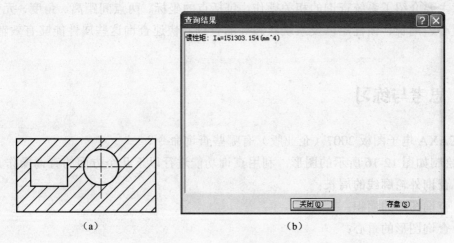

（a） （b）

图 12-14 惯性矩查询示例

（a）拾取元素；（b）惯性矩"查询结果"对话框

12.9 查询系统状态

CAXA 电子图板 2007（企业版）允许用户在作图过程中随时查询当前的系统状态。这些状态包括当前颜色、当前线型、图层颜色、图层线型、图号、图纸比例、图纸方向、显示比例、当前坐标系偏移、当前文件名、可用内存等。

查询系统状态操作步骤为：选择"工具"→"查询"→"系统状态"命令，或者输入命令 Status，系统会立即弹出对话框并列出系统状态，如图 12-15 所示。

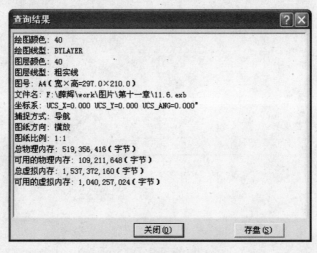

图 12-15 系统状态查询

12.10　本章小结

　　本章主要介绍了系统查询的相关操作，包括点的坐标、两点间距离、角度、元素属性、面积、重心、周长、惯性矩以及系统状态等的查询。快速查询这些属性能够有效辅助用户绘图。

12.11　思考与练习

　　1．CAXA 电子图板 2007（企业版）有哪些查询命令？

　　2．绘制如图 12-16 所示的图形，利用查询功能进行以下几个方面的查询操作。

　　（1）查询外轮廓线的周长；

　　（2）查询图形的面积；

　　（3）查询图形的重心；

　　（4）查询 a、b 两点之间的距离；

　　（5）查询 X、Y 轴的惯性矩。

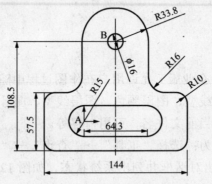

图 12-16　练习 2 图

第 13 章
数 据 接 口

本章要点

➢ AutoCAD 图形的转换

➢ DWG/DXF 文件保存的方法

➢ DWG/DXF 接口设置的方法和技巧

本章导读

➢ 基础内容：本章介绍了 CAXA 电子图板中 AutoCAD 图形的转换方法、DWG/DXF 文件的保存方法、DWG/DXF 接口设置的技巧、形文件的问题。

➢ 重点掌握：重点掌握 AutoCAD 图形的转换方法，以便利用软件阅读其他格式的 CAD 文件。

➢ 一般了解：对于形文件的问题和 DWG/DXF 的接口设置部分，只需要了解即可。

CAXA 电子图板 2007（企业版）为用户提供了功能齐全的文件管理系统，其中"数据接口"功能可以使软件和其他 CAD 软件进行通信，这样就能使用户在各种 CAD 软件间游刃有余，从而高效阅览、修改、编辑各种格式的 CAD 图纸。

13.1 AutoCAD 图形的转换

CAXA 电子图板（企业版）可将 AutoCAD 各版本的 DWG/DXF 文件批量转换为 EXB 文件，也可将 CAXA 电子图板各版本的 EXB 文件批量转换为 AutoCAD 各版本的 DWG/DXF 文件，并可设置转换的路径。

选择"文件"→"DWG/DXF 批转换器"命令，弹出"批转换器"对话框，如图 13-1 所示。

1. "转换方式"选项组

"转换方式"有"将 DWG/DXF 文件转换为 EXB 文件"、"将 EXB 文件转换为 DWG/DXF 文件"两种。

选择"将 EXB 文件转换为 DWG/DXF 文件"单选按钮，系统多出一个"设置"按钮，单击"设置"按钮先选择转换数据方式，如图 13-2 所示。

选择"将 DWG/DXF 文件转换为 EXB 文件"，会出现指定形文件位置的提示，这个在 13.4 节会详细介绍。

2. "文件结构方式"选项组

"文件结构方式"分为"按文件列表转换"和"按目录结构转换"两种方式。下面分别介绍。

（1）选择"按文件列表转换"单选按钮

按文件列表转换指从不同位置多次选择文件，转换后的文件放在用户指定的一个目标目录内。相关的对话框如图 13-3 所示。

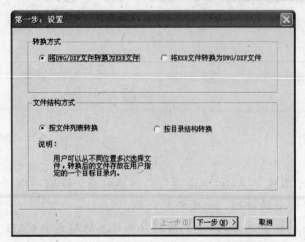

图 13-1　"第一步：设置"对话框　　　　图 13-2　"选取 DWG/DXF 文件格式"对话框

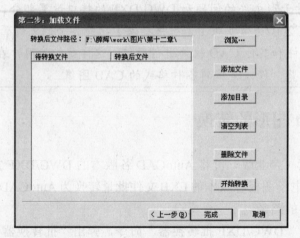

图 13-3　"第二步：加载文件"对话框

下面介绍如图 13-3 所示的对话框中各选项。

转换后文件路径：进行文件转换后的存放路径。可单击"浏览"按钮选择路径。

添加文件：单个添加待转换文件。

添加目录：添加所选目录下所有符合条件的待转换文件。

清空列表：清空文件列表。

删除文件：删除在列表内所选文件。

开始转换：转换列表内的待转换文件。转换完成后软件会询问是否继续操作（图 13-4），可以根据需要进行判断。

图 13-4　提示对话框

单击"是"按钮，返回如图 13-3 所示的对话框；单击"否"按钮，结束命令，操作完成。

（2）选择"按目录结构转换"单选按钮

按目录结构转换指按目录的形式进行数据转换，将目录里符合要求的文件进行批量转换。相关的对话框如图 13-5 所示。

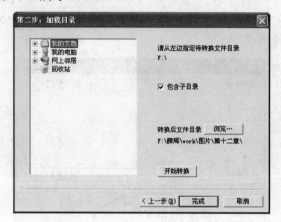

图 13-5 "第二步：加载目录"对话框

如果将 CAD 中的图纸复制到电子图板中，系统默认图纸是一个块，是个整体，而且会保持 CAD 原来的线型颜色；如果 CAD 是白底黑字，复制过来的图素是黑色的，需要把电子图板的界面改成白底的，才可以看到图素。建议需要 CAD 原有的图形，可以考虑并入文件，或者把比较常用的图形定义成图库。电子图板有传统的块定义工具，也提供了更方便、实用的参量化标准件库的自定义工具，可以并入或者直接调用设置好的图库。

如果 CAXA 电子图板将 AutoCAD 的文件读过来的时候出现字体自动换行现象，可以将自动换行的字体选中然后进行编辑，将"框填充方式"里的自动换行改为手动换行即可，相关的对话框如图 13-6 所示。

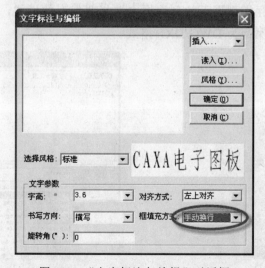

图 13-6 "文字标注与编辑"对话框

13.2 DWG/DXF 文件保存

下面介绍如何输出 AutoCAD 不同版本的 DWG/DXF 文件。

（1）选择"文件"→"另存文件"命令，弹出如图 13-7 所示的对话框；在"保存类型"下拉列表框中可选择多个版本的 DWG/DXF 格式来保存。支持 AutoCAD R12 到 AutoCAD 2006 的 DWG/DXF 文件的保存。

图 13-7 "另存文件"对话框

（2）输入文件名后，单击"确定"按钮，即可输出所选的 AutoCAD 文件。

（3）选择需要输出的图形，右击，弹出如图 13-8 所示的快捷菜单；选择"输出 DWG/DXF"命令，弹出"DWG/DXF 输出"对话框（如图 13-9 所示）；在"文件名"文本框中输入要保存的文件名，在"保存类型"下拉列表框中选择要保存的格式，单击"确定"按钮，即可输出所选的图形，并保存为 DWG/DXF 格式。

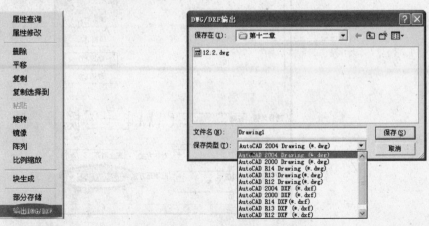

图 13-8 快捷菜单　　　　　图 13-9 "DWG/DXF 输出"对话框

13.3 DWG/DXF 接口设置

13.3.1 DWG/DXF 线型匹配方式

打开 DWG/DXF 文件时，如果文件中的线型存在多种颜色，可以根据线型的不同颜色制定相应的线宽，软件可以根据颜色打开并区分 DWG/DXF 图纸的线宽。同时，系统能够自动读入 DWG 文件中插入的图片。

选择"工具"→"选项"命令，弹出"系统配置"对话框，选择"DWG 接口设置"选项卡，如图 13-10 所示。

在"DWG 接口设置"选项卡中的"线宽匹配方式"下拉列表框中选择"颜色"，弹出如图 13-11 所示的对话框。

图 13-10 "系统配置"对话框

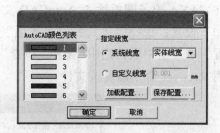

图 13-11 "颜色配置"对话框

在对话框中可以按照 AutoCAD 中的线型颜色指定线型的宽度。可以使用"系统线宽"下拉列表提供的线宽，也可以使用"自定义线宽"选项，指定线宽数值。

对话框中有两个按钮："保存配置"和"加载配置"。

保存配置：可以将设置好的参数进行保存，下次打印时可以直接载入配置文件进行使用。

单击"保存配置"按钮，在"保存颜色配置文件"对话框（图 13-12）中指定配置文件的名称和保存路径即可保存配置文件。

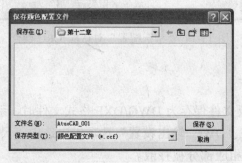

图 13-12 "保存颜色配置文件"对话框

加载配置：加载用户自定义的颜色配置文件。

单击"加载配置"按钮，在"打开颜色配置文件"对话框（图 13-13）中指定配置文件的名称和保存路径即可打开配置文件。

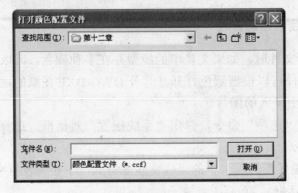

图 13-13 "打开颜色配置文件"对话框

13.3.2 CRC 检查

在 CAXA 电子图板读入 AutoCAD 文件时，如果系统提示文件出错，无法打开，需要进行如下设置：选择"工具"→"选项"命令，弹出"系统配置"对话框；在"DWG 读入设置"选项组中取消选中"CRC 检查"复选框，如图 13-14 所示，也可以在 AutoCAD 中使用 Recover 命令修复该文件。

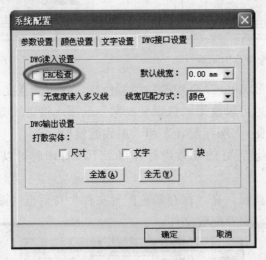

图 13-14 "系统配置"对话框-CRC 检查

13.3.3 DWG 输出设置

在将 CAXA 电子图板文件保存为 DWG/DXF 格式文件时，系统默认将文字、尺寸、块保存为块的形式，如果在"DWG 输出设置"选项组中选中"尺寸"、"文字"、"块"复选框，如图 13-15 所示，则相应部分被打散。

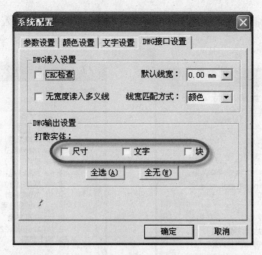

图 13-15 "系统配置"对话框-打散实体

13.4 形文件问题

在将 DWG/DXF 文件转换为 EXB 文件时，在如图 13-1 所示的对话框中选择"将 DWG/DXF 文件转换为 EXB 文件"单选按钮，单击"下一步"按钮；添加文件后，单击"开始转换"按钮，在转换的过程中，会弹出对话框，如图 13-16 所示，要求查找形文件以匹配原来文件的字体。如果有形文件，则指定形文件的位置。

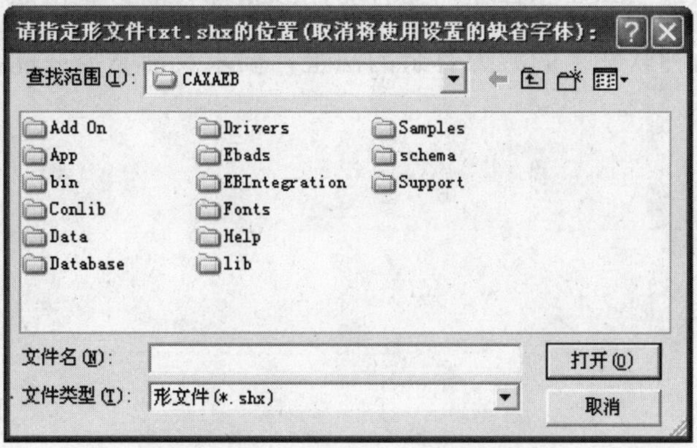

图 13-16 查找形文件对话框

可以从 AutoCAD 安装目录下的 Font 目录中寻找，或者将提示所需文件复制到电子图板安装目录下的 Userfont 文件夹中，然后在 Userfont 文件夹中选择所需文件，单击"打开"按钮即可。如果没有形文件，在提示对话框中可单击"取消"按钮，系统自动用默认的字体代替转换过来的图形，但这样会有部分字体与原来的字体不同。

也可以在系统配置中指定形文件的路径，则下次打开 DWG/DXF 文件时，系统会在指定的文件夹中搜索匹配的形文件。设置形文件路径步骤如下。

（1）选择"工具"→"选项"命令，单击"参数设置"标签，如图 13-17 所示。

（2）单击"形文件路径"右边的"浏览"按钮 <u>...</u>，可以进入浏览文件的选择，如图 13-18 所示。

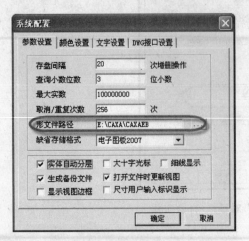

图 13-17 "系统配置"对话框-形文件路径   图 13-18 "浏览文件夹"对话框

（3）选择路径后，单击"确定"按钮完成形文件设置操作。

13.5 本章小结

本章主要介绍了 AutoCAD 与 CAXA 电子图板之间数据接口的相关设置，阐明了将两种格式的文件相互转换的方法和技巧，并且介绍了将部分图形输出的方法。这些基本的方法和技巧是用户在两种软件之间游刃有余的法宝，要求灵活掌握并能熟练运用。